如何打贏戰爭

HOW TO FIGHT A WAR

平民的現代戰爭實戰指南

前英國陸軍軍官
戰略學者、現任英國國會議員
麥克·馬丁
Mike Martin
鄭天恩——譯

For Sarah and Elsie

獻給莎拉與愛爾西

目錄

第三部　如何打好一場戰爭

圖表和地圖列表

序言　為什麼你應該要讀《如何打贏戰爭》？

人們對戰爭是什麼、又不是什麼的誤解層出不窮。不只是平民與大眾如此，甚至連那些負責思考戰爭、特別是如何贏得戰爭的將軍和政治領袖——也是如此。迅速回顧十九、二十世紀的紀錄，我們可以看見大部分的戰爭若非失敗，就是陷入沒有決定性結果的僵局，而非戰勝。究竟哪裡出錯了？為什麼這麼多領導人會犯下悲劇性的錯誤，從而導致他們的軍隊與國家戰敗？

這本書的核心概念是，贏得戰爭在於理解並依循戰爭的基本原則。雖然戰爭極其複雜，但戰爭之所以會失敗，幾乎總是由於某些簡單的概念被誤用或是遭到忽略。戰爭是種心理現象——一種進化的人類大腦間的競爭——這種核心本質自人類數十萬年前首度開始群居生活以來，幾乎不曾轉變。

乍看之下，戰爭這個概念未曾改變似乎是錯誤的。人們一開始用棍棒、燧石斧與投擲石頭來打仗，而我們現在用超音速飛彈與網路攻擊在打仗。實行戰爭所用的技術已經徹底地改變（而且還在繼續變化）。但這所有的技術——事實上一切用於戰爭的實體裝置主要是做為一種工具，用於影響你的對手之心理狀態，特別是敵方領袖或指揮官的心理。戰爭最終是為了改變他們的意志，讓他們用不同的方式看世界，或者是走向死亡。

戰爭的動態本質——前進、撤退、側翼包抄、虛張聲勢、潰退、欺敵、包圍——發生在每個層次的每一場衝突之中；這就是為什麼今天實行戰爭的人，需要研究先前戰役的緣由。剝掉科技的外衣，戰略與情報的重要性從古至今恆久不變。這也是為什麼如果要當上掌管一個野戰師的將領，唯一的途徑是要先指揮過排、連、營，乃至於旅級單位。因為儘管規模愈來愈大，其動態本質是相同的。

戰爭是永恆的，源自於人類心理狀態的基礎，這個概念相當重要。相較於其他會變化的事物，此點是研究戰爭時的最主要概念，同時也是貫穿本書、一再重申的主題。它也為戰爭的堅實而簡捷的邏輯提供了基礎：解釋為什麼事情在戰爭中會是如此。

當戰爭領導人無法達成其目標時，通常都是因為他們忽略了戰爭的簡單概念，比方說認為後勤事務對於他們的重要性，不如對於其對手那般高。這種「逃避現實」的發生，主要是因為三個謬誤：過度自信；被新科技所迷惑，認為它可以「解決」自己的問題；誤解了敵人與其觀點。這三個謬誤——在人類心理狀態中根深柢固——在人類歷史與政治上，一而再、再而三地重演。

經過一段長時間的戰爭頻率逐漸下降的時期後，隨著二戰後的共識土崩瓦解，氣候變遷與移民等全球性挑戰，還有快速進展但不知伊於胡底的技術革命，我們在即將到來的年代中，可能必須面臨更多的戰爭。在我寫這本書的同時，我們正身處於歐洲自一九四五年所爆發的第一場戰爭之中；這場戰爭牽涉了五個主要核武強權當中的四個。遠東地緣政治的緊張，特別是中國、台灣與南海，將會持續存在。中東與非洲薩赫勒地區高度不穩定，且局勢日益惡化。過去數十年間，世界情勢從未如此混沌不明。

《如何打贏戰爭》這本書的撰寫，是為一國軍隊總司令提供參考指引。在一個戰爭無可避免且日益頻繁的年代，我們的領袖必須要有掌握戰略、作戰、戰術的技能，才能成功執行戰爭。具備這樣的能力，意味著當我們在面對當前急迫的地緣政治問題時，或許能夠更有效率、也更快速地找出長期的戰略解答。這讓我聽起來像是個戰爭販子——雖然我非常確定曾經親歷戰爭洗禮的自己絕非如此。

成功執行一場戰爭，遠比進行一場曠日持久，又無法實現地緣政治意圖結果的戰爭要好上許多。後者只會無意義地浪費士兵與百姓的生命，並造成廣泛的死亡與毀滅。

——

那麼你——作為領導者，除了戰爭根植於人類心理之外，你還必須掌握哪些關於戰爭的整體洞見？

第一個關鍵教訓是，戰爭是政治性的。在一個著名的概括性敘述中，戰爭基本上就是用其他形式進行的政治[1]。你很常會看到戰爭和政治、外交被視為不同的領域進行討論，彷彿兩者之間僅僅只有極少的連結。

戰爭是政治的一部分。它是當人們無法透過對話達成決議時，用來處理政治的方式。所以有些人也將戰爭稱為「武裝化的政治」。

如果戰爭是透過其他手段所進行的政治，是我們耗盡口舌後所採取的手段，那麼戰爭中的暴力就是一種溝通方式。乍看之下，這似乎是令人厭惡或瘋狂的。確實，當跟沒有軍事背景的人們討論戰爭時，他們會認為我喪失理智。但這是一個從根本原則——戰爭是一種政治行為——所推導出的邏輯結論。如果你現在不相信，等讀完這本書的時候，或許你就會開始相信了。

暴力作為一種溝通功能在戰術層面上運作。假如敵軍占據了一個你想控制的山頭，你可以促使他們離開。假如你正在進行一場戰爭，且這些士兵擁有充足補給、士氣甚高，那他們很有可能會拒絕。那麼你還有什麼其他手段能向他們強調：「我真的很想要你們離開這座山頭」嗎？你應該很快就會訴諸致命的暴力，設法殺掉這些敵人。當你這樣做的時候，你其實

1 編註：克勞塞維茲：「戰爭僅是政治伴以另一個手段的延伸。」

是在說：「我真的很想要這座山頭，假如你們不投降，或是放棄這個陣地，你們就死定了。」致命暴力就是一種你的對手無法忽視的溝通方式。

暴力作為一種溝通手段，這在更深層的戰略意義上也是適用的。例如當某個國家對另一個國家發動一場針對化學武器研究設施的飛彈襲擊或空襲的單一攻擊時——通常這種攻擊並不會單獨發生——各國在先前可能已經做了一連串的討論與聲明，試圖說服這個遭攻擊的國家做些什麼或不做什麼。以這個案例來說，就是要他們不要再繼續進行化學武器研究。飛彈攻擊在此是用來強調：「我們真的想要你停止化武研究」這個重點，而不是一種阻止生產的手段。

更進一步說，如果戰爭是政治的另一種形式，那麼戰爭與和平的鴻溝，或許就不像我們想的那樣涇渭分明。在大眾討論中，戰爭與和平總被表現成兩元的對立存在，一個在本質上是邪惡的，另一個則是在本質上是善良的。但是，和平並非戰爭缺席下的產物。和平是一種透過非戰手段處理衝突的能力，這個人類政治結構的建構物，讓我們能夠保持對話，使我們毋須訴諸致命的武力來進行溝通。

戰爭與和平是尋求地緣政治問題結論的連續性活動。從這樣的解決方式中，將會孕育出新的人類政治架構，它將會包容並引導未來的殘暴驅力轉化為對話。有時候我們必須要打一場仗，才能達到更持久的和平；有時候在問題解決之前強行為一場戰爭實現和平，反而會為下一回合的敵對埋下伏筆。

因為戰爭與和平是連續一體的，當你仍處和平之際，就要開始擘劃你的戰略。更進一步說，你的戰略必須是不惜一切成本避免戰爭，因為它會造成生靈塗炭，社會與財產的毀滅。你無法讓死去的兒女復生，也無法使被破壞的村莊重建到跟先前完全相同。因此最好的避免戰爭方式是嚇阻你的敵人，向他們發出訊息，告訴他們你對於與自身相關的事務是認真看待的。

矛盾的是，你也許決定用來避免戰爭的方式，是保留一支龐大且有戰鬥力的軍隊，因為它會讓潛在的敵手三思而後行。嚇阻是避免戰爭策略的核心基礎，你作為領導人應該要高度重視這點。保持一支具有全方位能力且可以投射到全球的軍力是非一般的昂貴。假如你無法負擔如此支出——以現況來說，只有美國有此能力——那你要壓縮減你想投入的能力範疇，不然就限制你的戰略野心，侷限在次於全球的地區。一支只有紙上看起來漂亮的軍隊，將會與無法為其適當配置資源的國家一起遭受羞辱。

當你要領導國家投入戰爭時，有一個最終的洞見應當銘記在心，那就是「戰爭不是一種理性的行為」。當然，戰爭肯定會有理性涉入其中，畢竟你身為領導人，必須透過邏輯思考，並清楚建構、實施你的戰略。要是不這樣做，你就不可能贏得勝利。但是，如果你再深思一下，就會發現戰爭完全不合邏輯。為什麼一個人會在戰線上冒著生命危險，背負著傷殘的風險，只為了提升他們的同袍、同部族成員、乃至同宗教夥伴的地位？如果是在防衛性層面上，戰爭也許還有些道理——畢竟你是在保衛你的家人與家園，但在進攻中，這種風險與報酬的計算顯然不合乎邏輯。

雖然戰爭是一種心理行為，但人類不是理性動物，而是情感動物。毋寧說，人類更接近於情感的動物。因此戰爭的指導結構更多地是情感的——和虛榮、歸屬感、地位、忌妒與恐懼彼此相連，而這些是我們試著用邏輯思考來克服的情感。戰爭既是一門藝術，也是科學。

有很多人會犯下一個嚴重錯誤，就是把戰爭看成是一種理性且合乎邏輯的行為，就像戰爭是在一張試算表上發生一樣——但它根本就不是這樣一回事。這意味著無形因素如士氣或戰略，遠比你擁有什麼形式與數量的裝備和科技來得重要許多。這個關鍵原則反映在《如何打贏戰爭》的章節安排中，那些最重要的事物——和掌握勝機最密切相關的要點——就放在本書的第一部分。

第一章將著眼於戰略藝術及實現戰略藝術的因素：了解你的敵人，並了解這個世界。戰略在戰爭中遠高於其他一切，它也是戰爭中最重要的無形因素，構成了本書的第一部分。本章告訴你如何思索戰略，當你試著形成戰略時，如何正確理解你的（人性）弱點，以及如何建構你的組織，以便他們能夠提供你良好的情報，從而助你設下良好的戰略。

用一位古代的戰爭智者的話來說：「戰略無戰術，取勝之路最為緩慢；戰術無戰略，則猶如敗北前的喧鬧[2]」。假如你身為領導人，只能做一件正確的事，那麼選擇正確的戰略，絕對優先於其他任何事情。

2 編註：實際原始語出孫子兵法「計篇」，原文為：夫未戰而廟算勝者，得算多也；未戰而廟算不勝者，得算少也。

第二章探討後勤。後勤絕不只是把物資送到所需要的地方而已，與其將它視為一個跨越洲際的巨大系統，它更是一種「你要如何打這場仗」的基礎哲學：你必須持續用某種方式來保護你的後勤，並削弱、摧毀敵方的補給。在一支成功軍隊的指揮體系中，有一句將後勤和戰術相比的老生常談名言如此說道：「業餘者談戰術，專業者談後勤」[3]。作為領導人，一旦完成戰略擬定，就必須始終依據健全的後勤來制定計畫。

接下來在第三章中，你將會讀到有關士氣的內容，包括如何建構士氣，又該如何維持士氣。你會學到士氣就像一種將你的部隊緊緊結合在一起的黏著劑，從而讓他們能夠對恐懼免疫。具備凝聚力且對贏得戰鬥有信心的部隊，總能壓倒那些分裂且恐懼的部隊。就跟你試著保護後勤並摧毀敵方的後勤一樣，你的目標也是鼓舞你的士氣並削減敵人的士氣。就像一位過去的將領所言：「士氣對於人力，兩者的重要性是三比一。」[4]

最後在第四章，我們會轉回討論訓練。訓練是你如何培養你的人員，創建能在極度複雜的現代戰爭中執行特定任務的團隊。訓練是要塑造肉體與心靈的堅韌，使人能在一天二十四小時、一年三百六十五天的戰鬥中生存下來。訓練較好的部隊更可能具備堅韌的士氣，也更能在戰鬥中存活下來。當你的部隊全都接受相同標準的訓練時，便能在戰爭期間輕鬆地重組軍隊，將這個單位調配到那個單位，並透過相同的後勤系統進行整補。共通的訓練讓他們感受自己是一支軍隊，而非僅是站在同一陣線戰鬥的一堆派系。

這四個因素——戰略（與情報）、後勤、士氣、訓練集結在一起——就形成了你的軍隊作戰所仰賴的無形基礎。關鍵重點是，戰爭中的無形因素相比於科技，甚至是你正在投入作戰，或是與之對抗的武裝部隊規模都更為重要。一種普遍的錯誤概念是聚焦在你可量化計算的事物（比如說戰車的數量），但如果這些戰車沒有依照正確的戰略部署、沒有足夠的燃料彈藥可用於戰鬥、戰車乘員缺乏高昂的士氣及良好的訓練，那這些戰車也只會變成昂貴的靶子而已。

---

3 編註：出自二戰美軍名將奧馬爾·布雷德利（Omar Nelson Bradley）。

4 編註：拿破崙名言：「戰爭致勝因素，士氣占四分之三，人力占四分之一」。

在第二部分中，你會學習到戰爭各種不同範疇的知識。你會發現陸地環境是人類戰爭中最重要的範疇——在軍事術語中稱為決勝領域——，也是地緣政治問題待解決之處。之所以如此，是因為陸地環境是人類生存之所在環境，且戰爭的最終勝負是由一方的士兵推進到另一方的城鎮與村落而決定。這章也會教導你一支地面部隊由哪些因素所構成，它的各種因素（如步兵、砲兵與工兵）如何協同運作。

第六章討論海軍、空軍與太空軍，也就是支援地面單位作戰的部隊。你會學習到海洋領域主要是保護你的全球後勤（並阻撓你的敵人執行同樣行動的能力），其次則是對岸上目標投射武器。空軍的作戰主要是直接支援地面部隊，或是對地面部隊運補，偵察環境或是將必要的武器運輸至所需位置（並阻撓你的敵人進行同樣行動）。太空軍，一種急速發展的軍事科學領域，提供了非比尋常的通訊和偵察方便性。

第七章將會帶你綜觀支援地面部隊的資訊與網路作戰。相較最近幾年許多人宣告這是「戰爭的嶄新形式」，本章就會指出其所面對的現實限制。雖然它是很重要的主題，且發展相當迅速，但單憑其本身就能對地緣政治環境產生決定性影響還言之過早。第八章將會探索核生化武器，以及它是否將會（或者將不會）用在即將到來的戰爭中。總體而言，第二部分的章節將會幫助你了解作為統帥，將可以運用的廣泛範圍的能力與技術。

——

第三部分將會彙總全部內容，並告訴你如何協調致命的暴力，以達成你的政治目標；簡單說就是如何改變你敵人的心智，或是消滅他們。這部分描述了戰爭迷霧——碰撞與不確定性——，在這種狀況下，你必須比你的敵人更快做出決策。

以上，就是《如何打贏戰爭》這本書的內容。

第一部

無形的基本因素

Part 1

INTANGIBLE FUNDAMENTALS

第一章　戰略與情報

對於任何軍隊領導人而言，最重要的事情就是制定一套實際可行的戰略。這點在數千年的戰爭實務上已經是眾所周知之事。事實上，兩千五百年前的孫子就如此寫道：「戰略無戰術，取勝之路最為緩慢；戰術無戰略，則猶如敗北前的喧鬧。」

擬定不切實際或是漏洞百出的戰略，是領導人在命令部隊投入戰爭時，最普遍會犯下的錯誤。你的國家、帝國或是聯盟也許有著世界上規模最大、裝備最好、訓練最佳的軍隊，但若領導人沒有提出一個實際可行的戰略，你的戰爭最終將無法達成目標。因此，雖然以下的部分是《如何打贏戰爭》這本書比較短的章節，但如果你只能讀一章的話，那就讀這章吧！

「戰略」（strategy）這個詞起源自希臘語的「strategia」，希臘文這個詞的意涵相當於「將道」（generalship）。然而「戰略」這個詞是英語中最最常被人誤用的字彙之一。這個詞常常和意指一系列行動的「計畫」混為一談，但實際上「戰略」所涵蓋的意義，遠遠比這來得更廣。它包含了對世界的理解、一套宏觀的、高階目標或終極目標，描述達成目標的方法（計畫），以及所需且應當使用在該目標上的資源。所謂將道，遠比單純的計畫來得更廣泛。

當一個國家或一名領袖欠缺實際可行的戰略時，你可以從下述跡象很明顯地看出，因為他們會傾向列出行動（「我們要發動空襲」）或是定義不清的目標（「X國必須被擊敗」），來取代一種清楚不模糊、實際可行的目標（「我們要將X國的軍隊，從Y國的土地上驅逐出去」）。換句話說，他們將行動與成果混為一談。

另一個明顯的「跡象」是這個國家的戰爭目標不斷地變化：這代表了他們沒有想過自己的總體目標，從而使戰爭目標被所發生的事件牽著鼻子走。領導人與國家必須謹慎選擇並且持續追隨他們的總體戰略目標，這是進行戰爭的一個基本原則。

一項好的戰略，必須包含清楚、易懂的目標。在第二次世界大戰期間，同盟國（美國、英國、蘇聯等國家）的目標是徹底擊敗軸心國（德國、義大利、日本等國家）並使其無條件投降。擊敗的對象是有順序的：同盟國決定要先擊敗德國與義大利，再擊敗日本。等到德國與義大利被擊敗，同盟國進行優先度較低的對日戰爭。這是因為在盟軍的實際情報評估結果，納粹德國是比較強也是比較危險的敵人。若德國能夠在歐陸擊敗蘇聯與英國，將會變為無懈可擊的敵人。

這就是著名的「歐洲優先」計畫。這份計畫充分體現同盟國戰略的持續性本質，甚至當日本偷襲珍珠港，美國絕對有理由重新認定日本是更立即直接的威脅時，仍然持續維持不變。對於這項戰略的資源要求促進了一系列其他目標，特別是贏得「大西洋海戰」，使得同盟國的補給可以從美國運抵英國與蘇聯。正因為所需要的資源巨大，同盟國一開始就決定依照順序擊敗敵人，而非同時擊垮他們。

你可以從這個例子中看到，戰略的內涵可簡化成目標（整體目標：擊敗軸心國）、方法（循序漸進採取行動或計畫：歐洲優先計畫）與手段（執行計畫所需的資源：美國對於英國及蘇聯的物資補給）。你的戰略——包含它的目的、方法與手段——必須仰賴一種對「你想用武力解決的問題」，以及對於世界整體局勢的堅實而客觀的認知（同盟國對德國和日本相對力量的評估）。

良好的戰略也應該能提供你一個評估潛在行動的架構。這指的是，如果你做X或Y，這兩者中何者比較有可能達成你的終極目標（一個或多個）？這點在戰爭中特別重要，因為持續進行的戰鬥在大部分時候都是極度狀況不明的。我們很難辨別誰會贏得一場特定會戰，或是敵方領導者正在想什麼（這個尤其困難）。一種實際可行的戰略將會幫助你突破這種不確定性，並將手上的有限資源集中在達成你的首要目標。

一九四一年初，英國首相溫斯頓·邱吉爾被迫面對一個關鍵決策：是要把幾百輛新造的戰車保留在英國本土以防備入侵，抑或是送它們到中東協防埃及（當時處於英國控制下），用於抵禦德國與義大利聯軍？

他最後決定將這些戰車部署到中東，以協助拯救英國的石油生產，以及當時是地中海、中東、遠東盟軍補給線重要樞紐的蘇伊士運河。他判斷如果運河與石油落入敵手，英國很有可能會輸掉這場戰爭。即使冒著英國在遭受入侵時防禦能力會降低的風險，也別無選擇，只能將戰車運往埃及。

將戰略給形象化的最佳方式是將它畫成一張三腳凳；三隻腳分別是目的、方法與手段，而這張凳子穩固立基於一個基礎，那就是對你所面對的問題／敵人及世界環境脈絡的透澈理解。（參見**圖**1）

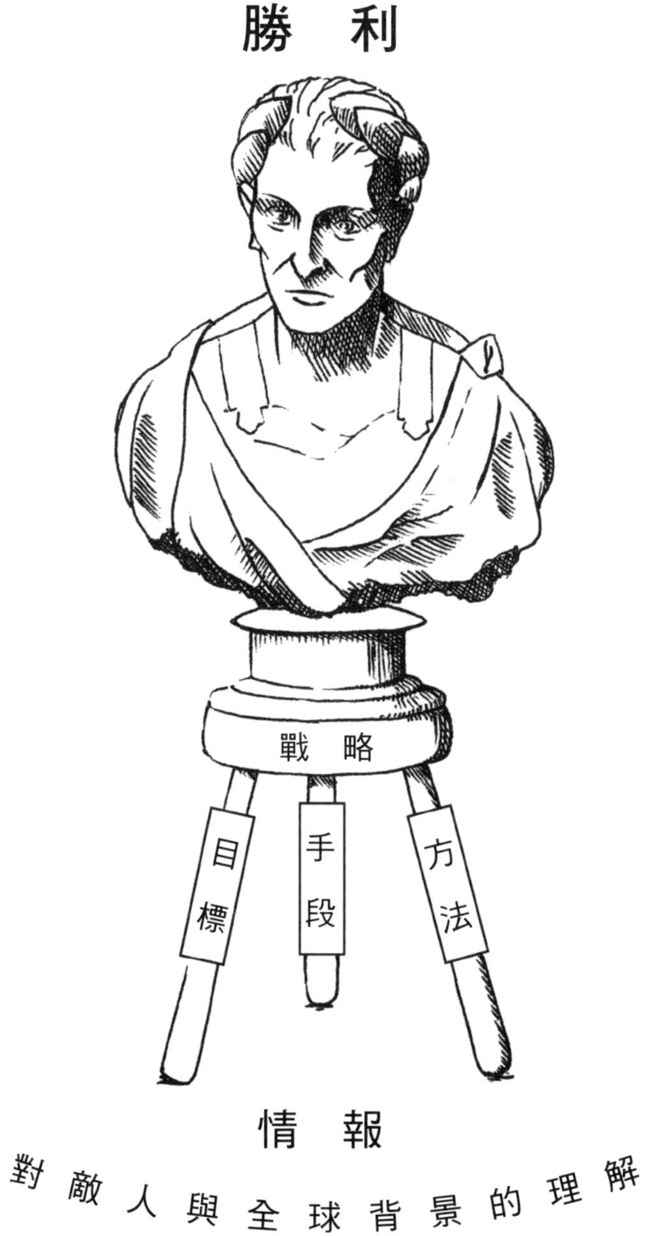

圖 1　戰略三腳凳

理論上要決定一套戰略很簡單，但實際上卻很難達成。這是因為上面描述的簡單概念，經常會因為人們無法客觀看待世界或受認知偏見愚弄而無法清晰思考戰略，進而變得模糊不清。當領導人或國家提出糟糕的戰略時，那是因為他們無法擺脫自己的偏見。這種偏見因為人類認知的進化方式而存在，且完全無法避免。如果你認為你沒有任何認知偏見，那你最好當心，最主要的一種認知偏見就是認為自己不帶任何偏見。

認知偏見如何影響情報理解與戰略形成

不管是使用情報了解世界或是形成戰略的過程，都很容易掉入某些根深柢固的人類認知偏見之中。最普遍的偏見就是過度自信（或驕傲），這是領導人容易犯的毛病，也是你最需要警惕的事物。英國與美國領導人在二〇〇三年入侵伊拉克後認為他們可以輕易地重建伊拉克，就是一個近期的明顯例子。其結果是，他們幾乎沒有對於戰後的局勢預做規劃，結果這個國家很快就陷入了一團混亂。

這種過度自信又會因為逢迎上意的偏見而更加惡化。這意味著我們總是傾向同意那些在組織中位階比我們更高的人所說的話。假如身為領導人的你表現出一副信心滿滿的樣子（就像大部分領導人會做的一樣），你的部隊通常也會點頭如搗蒜，而不會希望違背上級旨意。從二〇〇一到二〇二一年，北約聯軍與隨後北約在阿富汗的軍事行動，提供了我們一段有所幫助的故事：每一年戰區官員的報告都是「穩定進展」、「下一年將會是決定性的一年」、「困局將會最終獲得扭轉」。但事實上——早在北約部隊撤離前，阿富汗政府與安全部隊的崩潰就已經證實——戰局很少、甚至完全沒有進展。身為領導人，這兩種偏見是你最難克服的——畢竟它們是以你的個人心理與權力為出發點。你必須持續抵禦這些偏見。

另一種你必須警惕的偏見——這和過度自信有關——就是陷入一種和敵對領袖之間的地位爭端。換句話說，就是把戰爭個人化，變成一場你與敵方領袖的對決。所有領導人都受追求地位的野心所驅使，而他們也是靠著在眾多鬥爭中擊敗自己黨內、軍隊內乃至國家內的挑戰者才得以爬到高位。一旦他們成為自己團體的領袖，這種追求、保衛、贏得地位的鬥爭習慣，就會轉變成和其他團體領袖之間的鬥爭。當這種狀況發生，戰爭的目標就可能變成是擊垮、羞辱其他領袖，而不是為你的國家獲得戰略性的成果。

另一個會影響情報分析與戰略形成的重要偏見，是那些讓我們對內團體（in-groups）與外團體（out-groups）認知複雜化的偏見。人類會有一種自然的二分法傾向：內團體是**我們**，比方說我們的家庭、部落或國家，外團體則是**他們**，比方說其他的家庭、部落或外國。這種認知機制的發展有其合理性：當我們人類在十萬年前還是以小團體方式在非洲大草原生活時，這種認知使得我們區別誰「應該」、誰又「不該」成為團體的一員，進而讓我們能夠發展出超越血緣關係的社會團體。

我們對待內團體成員與外團體成員的方式是截然不同的。內團體的成員是可信的，被認為行事是受到正面動機與誠實所導引的。我們也認為說，我們團體內部的行事規範（比方說我們的文化或政治體系），是所有人類的常態。相對於此，外團體的成員則常為不可信任的、感覺不誠實、動機可疑、被認為是負面的。他們的行事規範被認為是不正常的。如果你相信所有團體中，誠實與不誠實、正面與負面的比例都是相同的，那你就會察覺到這種偏見是如何創造出一個「外團體盲點」，從而阻礙戰略的形成。

這種阻礙會以兩個形式發生：第一，誤解你對手或敵人的動機，導致你誤判對方在國內外的支持程度。舉例來說，你認為對方不誠實，但對方舉國都認為他很誠實，這就是一個值得注意的警訊。你也有可能誤解對方軍隊的士氣與凝聚力，而這是對方戰鬥效率的基礎（參見第三章）。這種對他者的誤判，也會因為過度自信與逢迎拍馬而趨於惡化。

第二，這種外部盲點會讓領導人假設自己看待事物的方式——比方說，某一塊特定領土一直是我們的傳統家園，又或者某種形式的政府是無可匹敵的——是看待世界的正常方式，其他人都是不正常的、需要被改變的。這就是著名的「鏡像偏見」。因此發動戰爭的領導人，往往會錯誤地建構戰略問題；他們常會設定與現實脫節、只是投射**自己眼中**所想像的目標。

二〇二二年俄羅斯入侵烏克蘭，就提供給我們一個關於這種缺陷的好例子。普丁認為烏克蘭是俄羅斯的一部分，雖然它不管過去還是現在，都是一個獨立國家。他也認定烏克蘭政府是被「納粹分子」掌控，且正在壓迫人民。但事實是，儘管烏克蘭政府並不完美，但它在戰前就已經是受到廣大支持，在俄羅斯攻擊後更是如此，並帶領了對抗入侵者的堅定抗戰。當俄羅斯人試圖理解烏克蘭的狀況時，他們明顯受到頑固的偏見所困擾，而每一份新收到的情報，都讓他們已經設下的（不正確）假設益發堅定。

另一個錯誤建構戰略問題的例子，是二〇〇一年後的全球反恐戰爭。許多穆斯林國家——索馬利亞、葉門、阿富汗、伊拉克等——的內部衝突，都被硬套進「全球反恐戰爭」的宏觀敘事之中。這許多的爭端其實是基於多種原因而導致的——孱弱的政府、內部種族或部落分歧、團體之間的資源不平等——，而那些錯誤的建構反而惡化了這類衝突。同樣的事情也發生在冷戰期間，當時很多內部衝突，都被放進「資本主義對共產主義」的全球性觀點下看待。

這些偏見是可以克服的。事實上，如果你希望創造出切實可達成的戰略，這種人類的認知偏見就必須被克服。克服這些偏見的方式，是在領導人（也就是你）身邊建構出迫使個人、團隊、理念相互競爭與質疑，使得無可避免的偏見降到最低程度的組織。這些組織和流程應該要被分成兩類：一類用於理解敵人與世界局勢，一類用於幫助你形成戰略。現在就讓我們按順序來看看這兩者。

如何清楚地理解你的敵人與世界

有關於世界各地的情報資訊，會以兩種方式來到你的手上：第一種是你可以在《紐約時報》或網路上讀到，這些屬於公眾的認知部分。第二種是你身為國家領導，所能取得的情報網、組織與能力。情報是一種經過彙整後，用來回答問題的資訊。情報來自許多來源，包括機密來源。詳細解說不同的蒐集情報方法已經超越了本書的範圍。但對於身為領導人的你而言最重要的是，理解每一種蒐集情報方式（以及情報整體）的優缺點，以及原始情報應該如何被分析，才能避免陷入認知偏見並得出良好的結論。

作為指導原則，你的情報行動應該要讓你知道敵人的意圖、動機與能耐。這可以歸結成「什麼（What）」（他們的計畫是什麼？）、「為什麼（Why）」（為什麼他們會做這種計畫／他們的世界觀是什麼？），以及「如何（How）」（他們打算如何達成這個計畫——舉例來說，他們是不是擁有新的武器系統？）。

你必須讓整個情報行動及它產生出來的情報，保持完全隱密。不只是因為你必須保護你的情報來源與蒐集方法免於洩露，也是因為一旦你獲得特殊資訊，你必須確保你的敵人無從得知你所知的情報。

在理解層面上，你是在嘗試建立一幅關於世界的戰略狀況圖，所以敵人的意圖與動機，應該要比他們的能力來得更重要。而在戰術層級上（將會在第九章討論），有關敵人能力的資訊——也就是部隊、武器系統與補給等，則會是極度的重要。（此外，在戰場那種瞬息萬變的環境下，評估對方的意圖與動機，會因為其中層出不窮的虛張聲勢與詭計而更加困難。）

你應該把這種關於你的敵人或對手的特殊機密知識，放在一個更廣泛的世界觀中看待。這種世界觀不僅來自於秘密情報，也來自於你的外交官、新聞記者和學術界。你的敵人的經濟是如何融入區域與全球的經濟？誰是他在聯合國裡面的盟友？他們的領導人在世界各媒體上的常見論述為何？其他世界領袖尊重，並且／或者喜歡他（她）嗎？

你的情報機構應該要定期蒐集開放來源的資訊。歷史上來說，這也許是指參與國際貿易展，但今天它指的是從網路上、特別是社群媒體來蒐集資訊。

蒐集秘密情報的主要方式包括了與人談話（人員情報）、破譯對方的通信（信號情報）、從飛機或衛星上拍攝照片（圖像情報）、以及測量排放物與裝備識別標誌（電子情報）。

人員情報（Human intelligence）[1]——也就是一般所熟知的間諜活動——相對於其他類型情報有一個關鍵優點：你的特工可以取得情報目標之內部思想與動機，而這是其他情報形式幾乎不可能辦到的。比方說，你可以發現敵方核心集團的領導動態。但這裡也有兩個你必須總要銘記在心的警示：首先，人員情報按照其定義，是單一個人的觀點與主觀性。第二，你的情報來源也許會察覺自己被用作情報來源，從而反過來刻意影響你的觀點。

信號情報（Signals intelligence）是對通信的破譯。傳統來說，這有賴於攔截敵方的信件與戰場通訊。現在這指的是破譯網路通訊，特別是那些手機上的訊息（因為我們的手機裡，通常會儲存有多樣且大量的資訊），以及設法存取你敵人經過加密的軍方與政府通訊。由美國、英國、加拿大、澳洲、紐西蘭共同組成的「五眼聯盟」，是史上最為強大且最成功的信號情報組織。我強烈建議不要和五眼聯盟的任何一國展開戰爭，如果你發現自己必須這樣做，那麼就要嚴格、徹底、持續地評估並重新檢視你的通信安全。

信號情報可以提供你對情報目標計畫的具體觀察，比方說他們的行經路線，使你能用無人機對他們展開空襲，但在提供有關他們動機或內在想法的情報上就效果較差。信號情報也是缺乏背景的——信號產物只是傳遞某個特定的人在特定時間所說的話。這意味著當人員情報與信號情報搭配起來的時候，會變得相當強而有力。你應該對於單獨仰賴人員情報或是信號情報所做出的評估保持警惕。

圖像情報（Image intelligence）是分析飛機或衛星拍下的圖像。現在這些圖像已經有足夠高的解析度，使你能確認某個特定人物是否已經抵達會議地點，並且肯定足以讓你可以繪

1 編註：或譯人工情報，縮寫為 HUMINT。

製出敵軍的部署狀況，以及在戰場上部署的能力類型（雖然對方也許會採取某些偽裝或欺敵措施）。

圖像情報經常可以完全與電子情報搭配使用；比方說對雷達、發電廠、車輛與飛機等裝備的氣體排放量的測量。這對於提供敵人部署的裝備與戰力的細節狀況是極為有力的。某些國家甚至可以透過所產生的氣流特徵判斷出飛行中的飛機類型。其實還有其他情報的類型，但以上這四種是軍事事務上主要使用得到的情報類型。

每一種情報蒐集方法，都會讓你獲取敵人不想讓你知道的資訊。同樣有用的是，它還會讓你接觸到敵方不知道你已知道的資訊。這兩者都非常有用，並對你形塑戰略與計畫很有助益。

然而，你也必須警惕所有情報形式都有兩個主要的缺點：首先，它不是、也永遠不可能是事情的全貌。你的情報圖像，很有可能是由個別的零散資訊拼湊而成。第二，領導人與官員有一種與生俱來的傾向，會更為重視「秘密」或「隱蔽」的情報（基本上是因為它更具有吸引力）。因此秘密資訊比起你在公開來源（比方說《經濟學人》）所獲得的資訊，總會被認為更加「正確」。

作為領導人，你必須確保你的情報組織能夠抵抗被這些錯誤所破壞，比方說根據分析某些缺乏背景的秘密資訊片段——透過駭入對方手機取得的對方領導人行程規劃，以及一份透露下週即將發動攻擊計畫的人員情報——將其用為理解局勢的單一來源。在這個想像的情境中，也許存在大量的公開資源報告，其所描述的戰略狀況都和「下週會發起攻擊」截然相反。如果只是考慮秘密情報，卻不把它放進這種廣泛的情境脈絡中，那也許會導致產生錯誤的結論。

對駐阿富汗的北約部隊而言，這是一個反覆發生的問題，因為在一個低識字率的社會裡，與社會脈絡有關的重要事物：部落結構、宗教網絡、土地所有權中，所能得到的公開資訊相當稀少。北約通常高度仰賴偏向秘密資訊的情報圖像，而這恰恰包含了上述的所有弱點。

避免這種基本錯誤的最好方式，就是要求你的情報組織運用公開資訊，對敵人產生一種非秘密的、更廣闊的世界脈絡背景的理解——資訊來源包含外交官、報章、國情專家、學者、以及跟你正在執行任務地區的一般民眾進行對話。這種對世界的理解應該要放在優先與首要地位，因為它是你之後用來編織珍貴機密與高價值情報的根本脈絡。

最重要的是，對世界有一個基本的普遍理解，能幫助你對你的情報單位提出正確的問題，如果你只仰賴秘密情報來建立這種理解，那你會問出錯誤的問題，這些問題只會堅定你先前的認知（確認偏誤）。

一旦這種資訊——機密的與其他非機密性的——被整理起來，身為領導人的你必須營造一個環境，讓它能夠透過認知偏見最小的方式完成分析。達到這點最好的方式，就是允許你的情報組織裡存在不同的聲音，讓他們有空間和自由跟你爭辯，也彼此相互爭辯。允許人們或觀點進行建設性的競爭，是一種經過驗證、可阻止分析過度偏誤的手段。它可以透過引進更多元化的情報分析人員來進一步改善：包含深度了解當地的專家，以及那些沒有專業背景的人；語言和文化的專家；來自軍方與民眾智囊團。

簡單地說，競爭的多元聲音將可確保一組分析人員的假設，被另一組分析人員強而有力地檢驗，而這將改善你的分析。更進一步說，如果你有多位分析人員以不同架構提出戰略，那你就比較不會錯誤地建構戰略問題，且你的內團體與外團體偏見也可以減少。

做到這點的最簡單方式，也許就是強化你組織中不同意見的聲音。這可以透過建立一支「紅隊」，專門負責挑戰你的情報分析，或是給予某些「獨行俠」——高度聰明且有創造性的怪才——可以對你的分析做出建設性批評的權限，甚至更進一步讓他們自己提出建議。

若沒辦法在你的情報分析單位中創造、維持多元的觀點，無疑會讓你付出極為高昂的代價。在二〇〇三年伊拉克戰爭前夕，英國情報機構相信薩達姆．海珊治下的伊拉克擁有大規模毀滅性武器，卻沒有思考另外一種假設：那就是海珊因為國際壓力與聯合國武器檢查，已經在幾年前放棄這些武器了。

未能建立和支持不同的聲音，再加上英國首相東尼．布萊爾與其團隊的過度自信而益發惡化。他們主張，這個情報的正確性比過去來得更高。《奇爾寇特報告》（Chilcot Report）[2]對於英國情報單位沒能糾正這種過度自信而提出嚴厲批判——這是一個典型的奉承偏見案例。

作為領導人，你的主要目標是確保在你的情報架構中，每個人都能聽取其他人的聲音。你身為領導人所給予的支持是達成這點的關鍵。比方說在會議上轉向某個提出異議意見者，並詢問他們的意見，如此小事都將會賦予他們暢所欲言的權限，並且送出一個訊息給你情報

2 編註：亦稱《伊拉克戰爭調查報告》。

組織中的每一個人：所有聲音都該被聆聽。像這樣的簡單舉動，可以消除過度自信與奉承偏見，因為你的下屬將會更有自信去挑戰既定的看法。

除了這些結構與行動以外，作為領導人，你在消化情報時必須採取批判性的思維架構（是指理性、但不負面的）。雖然你必須保持開放心態聆聽你所被告知的資訊，但稍微抱持懷疑態度還是最好的開始。你必須親自提出問題，來檢驗你的情報組織所提出的假設。如果這是資訊的關鍵部分，那就要求提出檢視原始來源的報告。要求直接和專家，或是寫這份報告的人對話，而非向你進行簡報的那個人。假如在採取這些行動之後，每個人仍然告訴你同樣的故事，那你就必須命令他們重新審視自己的假設。存在競爭性的團隊很少會就此達成一致。

如何發展出一套切實可行的戰略

一旦你對於你的敵人及廣大世界的脈絡發展出一個清晰的戰略性理解，你就可以開始建構你的戰略了。它將包括目的（目標）、方法（計畫）與手段（資源）。因為這三個因素彼此互為唇齒，且它們都仰賴於可靠的情報理解，所以戰略的形塑並非是一種線性進程，而是一系列反覆對話的結果，這些對話過程中你需要權衡這四個因素的相互作用。

每一次對話都會有兩種不同類型的人牽涉其中：設定願景的人（通常是政治領導人），以及對於軍事力量與特定國家可用資源有深刻理解的人（通常是將領或官員）。你必須在過程中謹慎行事，以便於你的高階戰略，能夠在數年間都保持在正軌上（如英國在第二次世界大戰中，其戰略在六年間基本上保持不變）。

你必須進行的第一個對話，是有關你的目標（目的）。你應該要透過你對敵人情報理解的視角來思考這些目標。如果這些目標似乎現實可行，那就依據你的國家可以動用的軍事與經濟資源來衡量它們（手段）。在這個階段，你應該要用廣泛的戰略層面考慮資源（比方說，我們有沒有足夠的油料來打這場仗？），而非戰術層面（我們擁有的步槍型號，是否口徑正確？）。

接著你必須權衡，這些目標在你的政府中是否能獲得支持。如果你打算和盟友並肩作戰，那這種對話必須不只在你的政府中，還需要在你與盟友之間進行，直到取得支持為止。最後，也是最為重要的是，你應該思考關於這場你打算展開的戰爭，要用什麼方式論述。民眾會支持它嗎？世界上的其他國家會接受或是同意你打算採取的行動嗎？你的友人與盟友會與你站在同一陣線嗎？你是否強大到不須在意這些事情呢？

對於後面問題的答案（你是否能獲得盟友的支持），將會改變你對前面問題的看法（你的民眾是否會支持你想完成的戰爭目標）。在這些對話中，你毫無疑問地將會發現對於敵人與世界的理解存在不足之處，所以你必須命令你的情報組織去填補這個缺口（然後重新審視這些問題）。

在辯論的過程中，你常會發現在戰略團隊中，同樣的人總會扮演相同的角色：一個人總會提出過度自信的想法，另一個人總會比較謹慎，第三個人會對敵人有銳利的觀察，第四個人則會聚焦在你手頭上的資源等等。這是很自然的，因為人類通常具備著穩定的人格特質，你應該善用此點建立一個能讓多元觀點激盪出創造性火花的團隊。你作為領導人的任務是主持討論，保持會議室內有種創造性的緊張感，並且確定你的團隊能夠持續進行這些對話，直到所有問題都塵埃落定為止。

如果進展順利，那最後設下的戰略目標應該會具備極高層次（我們的目標是完全擊敗X國；我們的目標是恢復Y國在戰前的邊界）、持久性（如果需要的話，我們會推動這個目標好幾年），並獲得你的民眾、你的盟友、及在世界上取得足夠多大眾的支持。相反地，一個糟糕的戰略不只層次很低、聚焦在行動而非結果（我們將會發動一次登陸作戰）、短期間（行動需要在幾週之內，在我們的補給耗盡前完成），且不受支持（我們的民眾不喜歡它，我們的盟友避之唯恐不及，世界輿論對我們抱持相當負面觀感，我們也許還會發現自己會遭受制裁）。

一旦你的目標（目的）比較明確，接下的一系列討論就是你意圖達成戰略目標的方式（方法），然後重新思考你可用於執行特定計畫的資源（手段）。

在這個階段，你應該要展開創造性的思考——最終不管你的目標是什麼，它們都是要透過影響敵方領導人的心智來達成。舉例來說，如果你的戰略目標是要從盟友的領土上逐出敵人的軍隊，而非殺死每一個在你盟友領土上的敵軍士兵，那你是否可以發動一次登陸作戰，入侵敵人的城鎮，好強迫他們撤出兵力並求和？

假如你以嘗試強迫敵人改變他的心理狀態這種方式來思考戰略——那麼你部署致命暴力就成為一種表達你的意圖，或欺騙你的敵人，或向敵方民眾傳遞訊息的方式。訴諸暴力變成整體戰爭論述的一部分，而這最終和「這是怎樣的一場戰爭」有關。大部分戰爭都是敗在領導人的心智，而非戰場。

當你思考你的戰略計畫與所擁有的資源時，你也許會發現你無法達成你的目標。那麼你必須重新審視計畫與資源、發掘更多資源（或盟友）、思考不同的計畫，或者是結合上述這三者。最後，一旦你覺得你已經有了一套可靠的目標、足夠的資源、以及切實可行的計畫，你還必須將其與你已經建構起來的情報圖像進行系統性的比對——你的目標和計畫，看起來仍然切實可行嗎？你有足夠的資源嗎？你必須回顧目的、方法與手段這三個因素，直到你得出目標是立基對於世界的現實理解，那你就可以集中資源，並讓它變得可行了。

形成一套戰略，並平衡你的目的、方式與手段，這個邏輯是絕對無法逃避的。領導人常犯下且總是致命的錯誤，就是考慮到手頭上所擁有的資源，設下了過於雄心勃勃的目標。你必須竭盡所能來避免落入這個陷阱。

最後，當你要擬定戰略時，應該也要想到獨裁政體與民主政體的差異。雖然你不太可能改變你的政府類型，但你應該了解到它們的強項與弱點。

民主政體比較容易創造出一種人們感覺自己可以質疑假設，並自由進行建設性批判的組織。因此理論上，在一個民主體系中，人類的固有偏見可以透過這種設計減到最小。但實際情況並非總是如此：舉例來說，在越戰中，我們可以清楚發現美國的戰略依循著韓戰中學到的經驗——在南方扶植一個「民主」政府，並且不讓美國部隊往北推進太遠，以避免觸怒中國。但是支持這些決策的假設並沒有被真正質疑過，結果導致美國遭受毀滅性的戰略性失敗。

相對地，獨裁國家的戰略比較可能依賴於一個人（通常是一個男人）的意志。俄羅斯總統普丁明顯地在他周圍創造出了一種「點頭聽命」的文化，而這導致了他在二〇二二年入侵烏克蘭時的拙劣戰略判斷。獨裁國家也傾向於持續執行失敗的戰略，因為它們與被提倡這些戰略的領導人是密不可分的。但是獨裁國家也有一個優勢：他們可以設下非常長期的戰略目標，並且只要領導人持續在位，就能繼續追尋這些目標。而當民主政體在選舉迎來一個新政權時，新政府就可能改變他們的策略：最好的例子就是西班牙政府在二〇〇四年大選後，將他們的部隊撤出伊拉克。

所以，這種戰略運作在實際上看起來會是什麼樣子呢？在第二次世界大戰期間，盟軍在一九四四年計畫並執行了於諾曼第海岸的登陸作戰。雖然整體戰略目標——發動一次海運登陸行動，以解放被占領的歐洲，自從確立「歐洲優先」政策以來就很清晰。但就實務上來說，其他所有細節都充滿爭議。

在最高層級方面，英國與美國之間存在著分歧。英國想要優先在地中海戰區採取行動，美國則是催促及早對被占領的法國發動進攻（最好在一九四三年）。最後，這種討論變成一個資源問題：因為地中海戰區已經有盟軍部署，且作戰行動已經在進行中，因此比起在法國開闢一條全新戰線（它還得花費時間建立後勤與派遣人員），加大力道促使它成功是更為容易的。於是盟軍決定在一九四三年首先攻擊西西里，第二年才攻擊法國。

英國陣營的兩位關鍵人物是首相邱吉爾，與他的主要軍事顧問艾倫·布魯克將軍（Alan Brooke）。閱讀兩人的回憶錄，會發現他們幾乎在每一件事上都激烈爭論，可是也尊敬彼此所帶來的貢獻（布魯克說：「我從未同時欣賞和鄙視同一個人到這種地步。」），他們兩人爭論得最激烈的議題之一，是集中力量攻擊法國，還是要在挪威或葡萄牙同步發動攻擊。此外，兩人（以及他們的幕僚）也會為其他事情展開爭論，比方說究竟是對德國的鐵路展開轟炸，還是對油料補給展開轟炸比較好。

這些問題，每一個都必須透過大批個性鮮明的人員，思考每一個可行方案是否有助於達成整體目標，以及是否有充分資源支持來解決。這些深思熟慮必須依循現有的情報——更多的情報問題需要被提出與回答——而為之，比方說法國不同海灘的砂質，是否能支撐的車輛重量也不同。對這些議題持續數月的建設性爭辯，讓盟軍指揮官得以梳理出不同選項下的假設，並提出一個最終獲得成功的戰略。

D日計畫的最後一個因素是欺敵工作。當諾曼第被選定為登陸地點後，盟軍便設法讓德軍相信登陸行動將在其他地方進行——好比說挪威，特別是加萊。一整個美國軍團被「創造」出來，歸在巴頓將軍麾下。這個「軍團」的基地設在和加萊隔著英倫海峽遙遙相對的肯特，配備假車輛、假飛機，還有虛假的無線電通訊。選擇巴頓是為了利用敵方的心理狀態：德國人認為他是盟軍方面的主將，所以無論他被「派任」到哪裡，他們就會認定那裡是主力所在。「堅忍行動」（Operation Fortitude）是如此成功，以至於在諾曼第登陸的幾天之後，德軍仍然把部隊調往加萊地區。

最終，D日登陸是歷史上最複雜但也最成功的登陸作戰——這很大程度上歸功於為其準備所進行的優異戰略思考。

關於戰略的一點提醒

戰略不是一門完美無缺的藝術。它也不是一個懷抱期待、欽佩他人、抱持希望或過度自信的空間。它是一個極端現實主義者將會勝出的競技場。如果你沒辦法為了達成你的戰略目標，考慮犧牲四千名士兵，或是容忍平民百姓置身於你的敵人所帶來的極度人道壓力之下（比方說挨餓或遭圍困），那你就不應該擔任戰略領袖。如果你沒辦法做這種艱難的決定，那你就應該讓賢給其他可以領導的人。在戰爭中，致命的暴力是最終極的溝通方法。如果你對這個事實感到不舒服，那你就不應該擔任戰爭領袖。

在一九四〇年，一個英國步兵旅（第三十旅）被派去堅守加萊，好轉移德軍裝甲師的注意力，從而讓英法聯軍能夠從敦克爾克撤退。這次撤退——最後撤出了四十萬盟軍士兵——保存了大部分英國的軍力，是讓英國在戰爭初期能夠繼續孤軍奮戰的根本。但是這場撤退要成功，就得犧牲第三十旅的四千名士兵。就在他們被蹂躪、殺害或俘虜的前一晚，邱吉爾發電報給第三十旅旅長——克勞德・尼克森准將（Claude Nicholson），內容是這樣寫的：

你們持續存在的每一小時，都是（對我軍）的最大幫助。政府因此決定，你們必須繼續奮戰。我對你們的出色表現致以最崇高的敬意。撤退將不會（重申，不會）實施，執行上述任務所需的船隻將會回到多佛。

你必須審視你的內心想法，就像個別士兵考慮他們能否殺人或被殺一樣，以確定你是否能比你的敵人更好、更快地做出這些不那麼糟糕的選擇。這並不容易，很少有人能兼具智力、開放的思維、果斷的決策力、有擔當，以及既能鑽研細節又能將思維抽象到最高層次的能力。仔細反思一下你是否具備這些能力。

所謂的戰略領導人通常會認為自己的當務之急是不惜一切，立即拯救生命（比方說透過一項和平條約）。可是通常當他們這樣做時，其實蘊含著造成更長遠衝突的風險，且會因此在未來失去更多生命。第一次世界大戰在沒有決定性結果下的終結，而埋下了第二次世界大戰的種子，就是最為人所知的例子。

另一種對領導人很有誘惑力的拯救生命方式，是人道主義行動。當單獨思考這件事的時候，這似乎總是一件好事。但身為領導人的你，絕不能把達成人道主義的結果和你的戰略目標相混淆。

人道主義可能會延長戰爭——例如，通過保護戰士的家人，使其獲得安全與食物——最終導致更多的毀滅與人命犧牲。身為領導人，你必須要抵禦不要被媒體上的人道主義呼聲所動搖。畢竟有時候現在拯救生命，將會導致之後更多的生命喪失。

戰略的目的在於解決政治紛爭，假如你發現自己正在從事一場戰爭，那麼你就無法透過談判徹底解決爭端。雖然這話聽起來讓人很不舒服，但你必須謹記，現今的這種最強大、最有力且最和平的人類社會，是過去數千年戰爭下的產物。這並沒辦法減少個人、家庭與社群在戰爭中遭遇的痛苦與犧牲，但是它提醒我們，戰爭是人類天性的固有部分，無法如我們所願般輕易消除。

一場戰爭最好能夠徹底解決某個戰略問題，而不是用一種會再度引爆戰事的和平作結。戰爭是一種現象，可以形塑走向正義與持久和平的結果，但如果和平指的只是暫時凍結衝突，而不是徹底解決衝突，那麼戰爭繼續打下去或許還比較好。作為一個領導人，你的工作並非總是盡一切代價避免戰爭。畢竟有時候，它是解決某個戰略問題的唯一方法。假如你試著迴避戰爭，其他人也可能會對你發動戰爭。在這兩個極端之間存在著空間，在這個空間中可以創造出脆弱的和平，進而再慢慢補強。最終，作為領導者，你必須獨自判斷哪種情況屬於何者。

第二章　後勤

一旦你有了切實可行的戰略，下一個在戰爭中的最關鍵因素就是後勤。

在戰爭中，後勤指的是把每一項戰鬥所需的物資送到你的士兵手上——這些戰士可能與敵人近在咫尺。而他們的需求涵蓋每項你所能想到的事物——你的軍隊在戰爭中將會需要這所有的物資。

最顯而易見的是，你必須為武器提供彈藥，為車輛提供燃料。每一天的每一小時，你都需要為這兩者提供大量補給。幾乎同樣重要，但或許不像按小時計算那麼緊迫的，則是部隊的食物和飲水供給，以及所有裝備的備料：從油品、濾清器、備胎、電池、液壓活塞，到發電機零件、無線電天線，還有武器的備用槍管（許多武器的槍管在打過一定數量的子彈後，就必須更換）。

最後，除了這些關鍵的燃料與彈藥、食物／飲水與備料的補給之外，還有雖然比較一般但仍然很重要的補給物資。從褲子和內衣、到紙筆、醫藥補給、螺絲起子、桌子、刀子與叉子，電腦、釘子與枕頭——任何你想得到的東西，你的軍隊都必須供應給部隊。

以下向你說明大部分後勤體系的龐大規模，美軍要提供七百萬種不同品項給它的部隊，英國和法國軍隊則分別提供約兩百五十萬種。在大部分軍隊中，後勤人員會占全體人力的百分之十五到二十五，在車輛方面，這個百分比則會更高。一支預期會戰勝的成功軍隊，得花費大量時間與努力來確保其後勤體系的有效性與高效率，且能在敵人攻擊下存活。軍隊後勤的規模令人難以置信，而且極其複雜。

在本章中，你將會讀到從工廠至前線的軍隊後勤，以及為什麼後勤如此重要。接著你會學到生產武器與車輛所需的經濟基礎，以及你是否可以透過堅定的國際盟友來取代它。本章接著會提出三個問題：你能夠運輸這些物資到你在打仗的地點嗎？你能否沿著有限的基礎設施，將所有這些關鍵物資運送到最後一百公里左右，進而送到你的部隊手中？最後，如果你的敵人試圖攻擊你在戰區中的後勤系統，你能保護它嗎？

和最後一個問題對應的是，你是否有辦法攻擊你敵人的後勤體系。這點很重要，因為炸掉油料卡車，總比攻擊戰車簡單得多。更進一步說，一旦你成功炸掉了敵人的油槽，那動彈不得的戰車、飛機與船隻，就會變成非常容易攻擊的靶子。因為雙方陣營都會試著採取類似的行動，在花費時間來發現並攻擊敵人的後勤體系時，你也必須投注更多努力來隱藏並保護自己的後勤體系。

在這一章當中，我們將會探討政治家與將軍在後勤方面常會犯下的錯誤，並詳細檢討那些創造有效、高效軍隊補給體系的戰爭與戰役。在本章結束時，你將會了解軍事後勤的原則，以及為什麼後勤短缺會對軍事行動造成如此大的侷限。這將會幫助你思考如何設計自己的軍事後勤體系，以便在你也許要展開的戰爭中，它能夠滿足你的需求。

——

在大部分文學與媒體對戰爭的描寫，甚至是在許多士兵的心目中，後勤都被認為是枯燥乏味的事情。確實，後勤牽扯到倉庫、表格、書寫板以及文書工作。大部分的後勤工作包含盤點你所擁有與缺少的物資、清點物品，以及確定不同的物件被適當地儲存和運輸。在大多數軍隊中，後勤人員常常被他們的同僚，如步兵所看不起（在英軍中，他們被不公平地嘲笑成「堆毛毯的人」！）。

正因為如此，良好的民主政體比起獨裁政體在軍事後勤方面具備先天的優勢。這可以用一個詞來解釋：腐敗。在軍事後勤體系中，相對低薪的人們——例如一個低階士兵的薪水也許是兩萬英鎊（兩萬三千美金）——要負責看顧數以百萬計、加總起來達到數十億美金的物品。在腐敗成常態的體系中——這些體系通常是趨於獨裁專制、而非民主——珍貴的物資經常會消失，被賣到黑市。高價值的軍規物品，會被廉價的準替代品所取代。在極端的狀況下，甚至會創造出一支幽靈單位，名義上拿來供給這支部隊、價值不菲的戰爭物資，則是悉數被竊取。

如果你的政府腐敗，但又希望在軍事上獲致成功，那你就必須思考腐敗會在多大的程度上，腐蝕有效提供戰爭物資給手下武裝部隊的能力。

獨裁者也會傾向對我們或許可稱為「虛榮武器系統」的項目，投注比較多的關愛眼神；這些虛榮武器系統包括了大型飛彈發射系統、最新穎的科技，以及高度專業的裝備如船艦和衛星，而非「枯燥乏味」的後勤。簡單來說，獨裁者都喜歡象徵軍事力量的項目，因為他們從本質上來說是「強人」，而強人總是喜歡大型武器。的確，有時候民主國家的領袖也會迷戀這種自我膨脹的東西，但他們還是多少要受到國會與公眾輿論的制約。可是，如果你的國家認真想要打仗且贏得戰爭，你就必須把大量心力投注在貨輪、鐵路與聯結車，以及用於清點一切物品的系統。

不管煩不煩瑣，後勤都是軍事成功的根本。這道理很簡單：沒有燃料，你的戰車就只是個昂貴的固定靶子；沒有彈藥，你的火砲就只是累贅；沒有食物和飲水，你的士兵就會迅速衰弱、變得無法有效作戰、最後不是被俘就是被殺。在戰爭中，對前線提供彈藥、燃料與備品，遠比你在前線擁有的戰車數量來得更加重要。

正是基於這種邏輯，所有成功的軍事行動，都是圍繞後勤限制來進行計畫，而這個限制又可以總結成一個簡單的問題：在行動的每一個階段，你是否能夠供應部隊所需要的物資？在行動的任何一個階段，如果答案是「不行」，那你就必須重新設計你的行動。艾森豪總統在一九四四年擔任盟軍最高指揮官、指揮後勤極度複雜的D日作戰（諾曼第登陸作戰）時，明白地指出考慮軍事目標的過程中，必須立基於後勤規劃上的限制，他說：「計畫本身毫無價值，但動手規劃卻是一切。」

D日登陸毫無疑問，是有史以來曾經發動的軍事後勤行動之中，最令人印象深刻的一次。在第一天，盟軍運上了十五萬六千名部隊確保了諾曼第的各處灘頭。完成這項任務之後，兩座預鑄好的桑葚人工港（Mulberry）被拖過海峽，在占領法國主要港口前，負責卸載補給。綜合來看，盟軍運用其中一座人工港，在十個月的運作期間卸下了兩百五十萬人、五十萬車輛，以及四百萬噸補給（另一座人工港在部署後不久，就因為一場風暴而被摧毀）。

另一項就當時而言非比尋常的創新是，為盟軍在歐陸的遠征部隊輸送汽油、柴油以及其他潤滑油而開發的水下油管（液態碳氫化合物的需求，占了盟國遠征軍補給比重的百分之六十）。總計共有十七條油管被開發、投入這次以「冥王星行動」（Operation PLUTO 或是「洋面下油管」而為人之所知的行動）。它們輸送了盟軍部隊接近百分之十的補給。

在深入探討軍事後勤體系的細節前，讓我們簡短來看一下打一場地面戰爭所需要的後勤規模。

戰爭的後勤規模

現代軍隊的後勤補給線確實非常長，這使其容易成為目標——你的軍隊越是技術先進，支援單位相對於戰鬥單位的比例就愈大（這裡的「支援單位」不只包括後勤人員，也包括醫療、情報、工程、機械、技術人員等等）。這種比例就是著名的「齒尾比」，在現代的裝甲戰役中，齒尾比可以達到一：十到一：十五——也就是說，每一個主要任務是與敵人作戰的人員，你需要十到十五個人來支援他。在第一次世界大戰中，這種比例僅僅是一：二．五，第二次世界大戰中，則仍只有一比四。

四種你必須運輸到前線的重要物資是：彈藥、燃料、備品與食物／飲水。至於每種物資切確需要多少，則又仰賴兩個因素：戰鬥的強度（你打算進行多少偵察、交戰、戰鬥和襲擊），與你軍隊的武裝單位類型。這兩者都會對於這四種主要物資的作戰要求都不同。

這四種必需品的需求量在整個二十世紀都在變化。第二次世界大戰時，美國軍隊的每個士兵，一天需要使用一加侖（三．八公升）燃料。隨著機械化程度日益提升，以及空中武力的使用增加，這個數字在一九九〇年的波斯灣戰爭期間，已經上升到每個士兵每天四加侖。

僅僅二十年後，在伊拉克與阿富汗戰爭中，燃料消費已經達到每個士兵每天十六加侖（其中約百分之七十一是用在空中武力上）。

相似的是，因為火力在二十世紀普遍增強，所以彈藥在第二次世界大戰期間占全部補給的百分之十二，上升到一九八〇年代晚期的百分之二十五。與此相反，食物和備品占整體補給的比例卻是穩定下降（雖然在二〇二二年俄烏戰爭開始以來，俄羅斯在車輛方面的大量損失與受創，有可能會暫時扭轉這樣的趨勢）。

在這些數字以外，存在一個簡單的事實：假如你打算進行的戰爭會持續超過幾個月——且大部分狀況都是如此——你就必須思考在經濟與人口方面進行國家總動員，以用於生產戰爭物資。工廠必須收歸國有，基礎建設要控管，人員也要分配到適合的工作與任務上。你是否能成功做到這點，有賴你的人民有多支持你的戰爭目標。有時候對於民主政體而言，這方面是比獨裁政體容易得多。

舉例來說，芬蘭在第二次世界大戰對抗蘇聯的時候，是全國進行徹底動員，讓自己能夠抵抗並對戰蘇聯足夠長的時間，從而維持生存與獨立國家的地位。值得注意的是，雖然目前沒有實際執行，但許多國家動員法仍然留在法規中。

討論這種國家型動員與韌性，已經超越了本書的範圍。但毋須多言的是，假使你被捲入一場曠日廢時的戰爭，那麼你能夠駕馭整個國家的程度，就變成一個決定勝敗的重要因素。

那麼你的士兵在戰場上，究竟需要多少東西？

作為軍隊最基本的角色，輕裝步兵——也就是人們印象中的「傳統」士兵，裝備著步槍與機槍，以徒步行軍——在後勤補給上的要求最少。在天秤的另一頭，你的裝甲單位——包括戰車、裝甲運兵車與火砲——則需要極為大量的補給。特別是火砲——考慮到每一枚砲彈的重量，以及開火速率（每分鐘射出的砲彈數），其需求量將會主宰你軍隊的後勤需求。正是因為這些後勤的理由，這世上少有軍隊可以成功派出一支包含裝甲與砲兵的遠征軍。

你的一般輕裝步兵——非特種部隊，而是經過訓練、作為標準步兵連一部分作戰——需要彈藥、食物和飲水的補給。食物是當中最容易做估算的——一個英國陸軍的二十四小時口糧包，重一點八公斤。飲水的估計就比較困難：它必須看氣候，以及當地是否有水源供應而定。但一般來說，每個士兵一天需要使用五公升（五公斤）的水，用於飲用、清洗與烹飪。

彈藥需求量則很難估計，因為使用狀況完全取決於你的士兵的戰鬥時數。有些日子，他們也許一發子彈都不會發射，但在其他日子裡，他們也許要接敵十二小時，並打上好幾千發子彈。所以讓我們假定在常見的日子裡，你的步兵會射擊三百發子彈，也就是十個彈匣的彈藥。這是一場持續不到一小時、中等規模的交火中，估計所需的彈藥消耗量。

子彈有許多不同的尺寸與重量，不過北約標準的五點五六公厘步槍子彈，重量約為十五克，所以如果每一個步兵每天要消耗三百發子彈，那就是重四點五公斤。至於前華沙公約國家的軍隊，或是那些操作AK-47型步槍的軍隊，使用的則是七點六二公厘子彈（重二十五克）。這意味著在同樣的重量下，他們能攜帶的子彈數量較少。北約刻意採用較小較輕的五點五六公厘子彈，其理由就是為了讓每個士兵能攜帶更多子彈。

在這些計算中，你必須要更進一步考量步兵連可能攜帶的重型武器——比方說輕型迫擊砲，或者較為重型的機槍的彈藥量（每個輕裝步兵連都會選配一些這類重型武器）。兩百發七點六二公厘機槍子彈，重約五點五公斤（含連結每一發子彈的「彈鏈」，用於機槍進彈）。這是每位士兵於巡邏時所必須攜帶的物品，用於支持由其中一名士兵所攜帶的重機槍。每一發（五十一公厘）口徑迫擊砲彈的重量約一公斤。這意思是說，你的士兵平均每個人必須攜帶一發迫擊砲彈，以支援戰友的迫擊砲。

光是食物、水和彈藥，你就已經計算出每個人每天的總重量達到十七點八公斤。除此之外，你還得加上其他基本物品：電池、食品、燃料、替換衣物、偽裝膏、肥皂、刮鬍刀，平均每天又會增加每個人的負擔七百克。

透過這種粗略估計，我們可以計算出每個士兵每天所需的總重量達到十八點五公斤。雖然對於高強度、持續一整天的戰鬥，這可能是個嚴重低估的數字，但從一場長期戰役的平均值來看，這是一個可供參考的數字。當要對一個五百人的營進行補給時，光是士兵（排除車輛或其他裝備如發電機），每天就需要九點二五噸的物資。如果把規模擴大到一個萬人的輕裝步兵師，就需要一百八十五噸的補給品。一個四十呎長的標準貨櫃可以裝載二十六噸貨物，所以你的師級單位每天需要七個貨櫃的補給量才能滿足士兵的基本需求，以確保他們得以生存並作戰下去（就實際來說，需求量會因為裝備和車輛的補給而更高）。

在天秤的另一頭，是你的裝甲師（一萬六千人）。它和步兵師最大的不同是在於燃料與彈藥需求的規模。舉例來說，在一九九〇年波灣戰爭期間，一個標準的美軍裝甲師編制有三百五十輛戰車，與兩百輛裝步戰車。這種編裝**每一天**需要五千噸彈藥、五十五萬加侖燃料

（一四八五噸）、三萬加侖的水（一一四〇噸），以及四十五噸食物，總計為七六七〇噸的補給品（兩百九十五個貨櫃的量）。這還不包含所需的替代備品。

為讓你了解波灣戰爭整體後勤規模的一些概念：英國、法國與美國共部署了五個裝甲師，還有六個非裝甲或輕裝師。依據前面段落中的數據，可以得出**每天**需要超過一千五百個貨櫃來進行補給。

最後是砲兵。要判斷砲兵的後勤需求是件極端困難的事，因為一切都取決於開火速率——每一分鐘發射多少砲彈，共有多少門火砲開火，以及砲彈、火箭或飛彈的尺寸大小（飛彈在本質上是附簡單導引系統的火箭）。在第五章中，我們將會探討某些不同類型的火砲，但要概述砲兵後勤的需求，可以用一五五公厘榴彈砲為準，這是許多軍隊的主要火砲。一發一五五公厘榴彈砲的砲彈（以及將它從砲管中發射出去的發射藥），重達五十公斤。

一次火砲的密集開火，其開火速率需要達到每分鐘兩發、亦即每小時一百二十發。這就代表每一門砲每小時要消耗六噸彈藥。正常來說，一個砲兵連會有八門砲，所以每小時就需要四十八噸彈藥，這還不包含燃料、食物／飲水，或是備品。最後，一五五公厘火砲系統是大部分軍隊都可以獲得的較輕型火砲系統。但即便如此，它仍然每小時需要大概兩個貨櫃的彈藥，才能讓一個砲兵連的每一門砲，以正常開火速率運作。

這些數字指出，如果你認真想保有一支能打仗且能打勝仗的軍隊，那每個砲兵團都必須有自己成對的後勤團隊，並只為這個單位服務。為了讓你的砲兵在現代戰場上投射有效火力，砲兵部隊大約百分之五十的車輛與人力，都必須聚焦在後勤上——讓彈藥能夠穿越激鬥中的領土，抵達砲兵陣地。準備打仗且能夠獲勝的專業軍隊，其維持的後勤支援比例大概都是接近這個水準。如果小於這個水準，那代表砲兵要不只能在某些固定位置作戰——例如鐵路鋪設的補給站，要不就是根本無法在戰鬥中提供充足的火力。

不同戰鬥單位使人氣餒的軍事補給統計數字，意味著我們必須投入大量努力來減少軍隊在戰場上對補給的需求，因為這可能是決定勝敗的差異之處。第二次世界大戰期間，駐緬英軍第十四軍團司令斯立姆將軍（Bill Slim）以最具創意性的方法達成了這個目標。在斯立姆與其後勤幕僚的努力下，將十四軍團麾下各師的補給需求，從每日四百噸降低到了僅為一百二十噸。放棄了車輛改用馱獸；營帳改用絲料而非布料；食物補給也替代成重量比較輕的選擇。

我們不可能寄望這種後勤限制能夠自動消失——它們也是戰爭估算的一部分。政治領袖反覆犯下的關鍵錯誤，就是認為他們即將參與的衝突，會比它實際發生的時間來得更短。例如他們可能只準備了應對兩個星期衝突的儲備物資，但實際上這場衝突可能會持續數月甚至數年。這意味著新的儲備物資必須要生產，或是從你的盟友那裡弄來——而這些儲備品通常沒辦法有現成品可供購買。這種補給短缺接著會影響到你的作戰指揮官。他們被迫得做出次優選擇，因為他們知道自己的燃料快要用盡，或是彈藥配給情況會很嚴峻。最終，後勤限制將開始主宰整場軍事行動。

當牽涉到非常昂貴或是稀少的儲備物資時，這種趨勢將會變得更加明顯。關於這點，在現代戰爭中有一個常見的例子，那就是精準導引武器（PGMs, Precision Guided Munitions——亦被稱為雷射導引炸彈）的供應。這種武器可以從飛機上精準地投射到目標，從而最小化彈藥浪費與附帶損傷。精準導引武器相當昂貴，一枚「鋪路者」雷射導引炸彈需要兩萬兩千英鎊，所以它們相當稀少。在最近的烏克蘭戰爭中，俄羅斯從戰爭很早期開始，就無法補充其雷射導引炸彈，因此他們喪失了攻擊移動中目標，如烏克蘭後勤列車的能力。英國（一個比俄羅斯富有許多的國家）也在利比亞衝突中耗盡了它的「鋪路者」炸彈，不得不要求美國緊急提供這類彈藥。

這些戰爭後勤常數為你評估你的軍隊是否能成功實現你既定的目標提供了一個有用的方法。在你的軍隊結構中，有沒有包含大約百分之二十五的後勤單位？你的砲兵是不是有一比一的比例獲得後勤支援？你是否有足夠的彈藥和燃料儲備因應一場長期戰爭？你有沒有辦法確保關鍵零組件，如晶片等的供應？

接著還有更多的問題需要考慮：你的國家是否具備武器與補給的製造基礎？你有辦法把戰爭物資送到戰區嗎？戰區的公路與鐵路網，是否足以將你的補給送到需要的地方？最後，你是否有足夠的戰鬥單位可以用來保護你的後勤？接著下來我們就來探討這些問題。

生產戰爭物資，並將它們送到戰區

若要提供某件裝備給你的作戰士兵時，你必須要取得正確的原料。綜觀歷史，所需的物資會因為支配戰場的戰爭科技不同而有所改變。在後工業革命時代的大部分時期，煤、鐵（鋼）、以及後來的石油，一直都是關鍵的供應品。當車輛變得普遍後，輪胎用的橡膠也變得特別重要。第二次世界大戰期間，日本設法攫取了位在東南亞、世界上絕大多數的橡膠生產資源，逼使美國強化有助於節約橡膠的道路速限——同時人造橡膠也被發明，以減輕了對於天然橡膠的依賴度。

在二十一世紀，現代軍事裝備益發仰賴資訊科技。除了炸藥、武器與化學製品外，當晶片、雷射、軟體、專業通信與導航設備短缺時，你的軍隊也會因此而陷入停擺。

當進入二十一世紀，且資訊技術更加與軍事裝備整合後，其他資源在相關設備的生產上變得更加重要。這些資源中主要由十七種重金屬所組成，廣泛使用在電器、特別是電池與（電腦）顯示器上的「稀土」。值得注意的是，中國掌握了全球百分之三十八的稀土礦床，俄羅斯超過百分之十，而美國只有百分之一。

正是因為軍隊對某些物品的依賴，許多國家自然而然地限制其出口。舉例來說，英國政府就有一份超過三百頁的物品清單——從炸藥到核子同位素、從子彈到陀螺儀。在這份清單上的物資除非獲得特別許可否則都禁止出口。也是因為這個原因，經濟與／或貿易制裁常常被當成外交政策工具，用來損害被制裁國家的經濟，或是阻止他們獲得所需的物料或物件。

制裁通常充滿爭議——經濟制裁會對平民百姓造成同樣深層的傷害，有時甚至比對該國政府的傷害更大，且它們的效果可能是有限的，因為其他國家會拒絕制裁自己的盟友，並持續供應該國禁運物件，從而創造出一種「後門」。

制裁在武器禁運方面會比較有效，它會阻止軍隊或政府接觸到尖端或是比較重型的軍事裝備。一個好的例子就是自一九九二年開始的索馬利亞武器禁運。這讓衝突在那之後雖然持續，但依舊能控制在索馬利亞境內，且投入戰爭的僅限於輕武器，而非戰車與大砲。在烏克蘭戰爭中（這本書寫作時依然持續中），也充分證明了對俄羅斯獲取晶片與其他先進航空電子設備的限制，侷限了他們生產精準導引武器的能力，從而導致了相關武器的供給短缺。

假使你可以確保生產軍事物品所需的物資與零件供應，你也必須確保能根據衝突所需的速度生產出足夠的自製兵器與補給。如果你無法自行生產這些軍事裝備，你就必須從親密盟友手中找到確定能持續供應你的貨源，即使在其他強權國家決定實施制裁的不利國際環境下，依然必須從你確信會繼續向你供應這類物資的親密盟友那裡採購得到。

因此，令人敬畏的軍事強權，總會努力保持特殊軍事物品的生產能力，尤其是如高科技的潛艦、飛彈在本土進行生產。因為它不只能保持國內必要專業人才的儲備，也避免了仰賴其他國家供應武器的風險。正因如此，生產關鍵瓶頸性料件的工廠通常會成為戰略空襲的目標——一九四三年，盟軍轟炸了納粹德國的滾珠軸承工廠，因為它們發現滾珠軸承是廣泛使用在飛機、大砲、戰車與潛艦等各種軍事裝備的基礎零件。你是否能夠在國內生產關鍵武器系統，並確保關鍵零組件的供應受到保護嗎？

一旦你確保了原物料，完成武器生產或從盟友那裡取得武器，你就需要一個全國性的龐大國防後勤組織來確保武器、彈藥與戰爭物資有足夠的儲備。你必須在維持承平時期正常活動（如訓練）的低成本運作，與為緊急部署時儲備足夠裝備與補給（特別是彈藥）之間，取得一個微妙的平衡。就如我們從俄羅斯在烏克蘭，以及英國在利比亞的情況所見，這種平衡並不總是能夠達成。

你國家的國防後勤組織，是業界——它們生產出裝備、彈藥、燃料或其他軍需物品——與軍隊之間的介面。它會取得軍隊的需求清單，然後告訴業界該生產多少量、又該生產些什麼。接著它會備齊這些物件，並為後續的運輸需求完成準備，以送到你在戰場的軍隊手上。

這種運作的關鍵是一套調度系統，例如北約的庫存編號（NSNs, NATO Stock Numbers）。這是一套使用十三碼的系統，針對北約盟國中所有的物品，分類到某個類別與其原產國。這讓一名在戰壕中的步兵可以告訴他的班長，他需要一件「NSN 8420-01-112-2889」的物品（長到大腿的男用短內褲，尺寸為五十號，棉製材質，美國製），因為先前的那件破損了。這個號碼在整個系統中已經標準化，最終可以讓你的工廠確實生產出另一件，好接替那件從前線庫存中提供給這位士兵的內褲。

最後，在國防後勤中，你應該大力推動車輛與裝備的標準化，以便於一般零件／補給，可以通用在不同類型的裝備上。最明顯的是，你應該致力於彈藥——就像我們前面看到的五點五六公厘步槍子彈或一五五公厘榴彈砲彈——，以及燃料（現代軍隊補給中最大的單一品項）的標準化。

單一燃料的概念是美軍在一九八〇年代晚期提倡的。美國發展出JP－8燃料，一種以煤油為基礎，添加抗凍、抗腐蝕、額外潤滑，以及抗靜電等必要成分（這讓它們在儲存的時候比較不易燃）的燃料。這種燃料可以在各種氣候中使用，進行長期儲存，頻繁搬運，且或許能在敵人攻擊下免於破壞。

雖然在不同型號的引擎上使用單一種類燃料，也許會影響到它們的表現，並加速某些引擎的耗損，但這些不便相對於後勤面的好處可說是微不足道。單一種類燃料可以使用在從飛機到戰車，從悍馬車到發電機的所有設備。它可以為建築物供暖，提升烹煮用爐子的火力，甚至可以當成某些引擎的冷卻劑！這個概念如今在北約盟國中已被廣泛運用。相較之下，俄羅斯軍隊仍然為不同類型的車輛使用各自的燃料，這讓他們在後勤方面陷入嚴重的劣勢。如果你的不同車輛正使用不同燃料，那你應該考慮將燃料給標準化。

當你生產好你的武器、裝備與補給，並為你的軍隊對它們完成組織與分類後，你必須將數以百萬噸計的補給運送到戰區。這意味著你不可避免地要使用海運，或是結合海運與公路／鐵路的運輸方式。

一個引人注目的近期案例是二〇〇一到二〇二一年的阿富汗戰爭，當時有十五萬來自已開發國家的聯軍和塔利班叛軍作戰（而且輸了）。阿富汗是一個內陸國家，所以補給要麼是先用海運運送然後卸載、再經過陸地轉運，要麼就是用空運運輸。空運路線災難性地昂貴——是海陸運輸方式成本的十倍，所以它僅限於用來補給彈藥（占大多數比例的夜間航班，以「轟隆補給」而聞名）。軍隊的後勤需求相當龐大——每天需要三百萬公升燃料。

補給主要是由兩條路線進行運送：第一條是從喀拉蚩港穿越巴基斯坦，穿過兩座山嶺巍峨的隘口進入阿富汗，路程大約一千七百公里。有時，每天有超過四百輛卡車通過巴基斯坦，但這也給了巴基斯坦政府龐大的權力，畢竟他們完全有能力截斷或是限制聯軍的軍事補給。因此在二〇〇九年，建立了另一條路徑，這條路徑從拉脫維亞的里加出發，穿過俄羅斯、哈薩克與烏茲別克，沿著長度高達五千一百六十九公里的鐵路運輸。每週有超過三十列火車將補給運入阿富汗，實際上占了整體所需補給量的三分之一。

就戰略上來說，能否補給已部署軍隊的能力，取決於能否控制或安全通過全球的海路——如果控制海洋的國家不讓你通過，你就無法打一場地面戰爭（除非你要攻擊的國家就在隔壁，如同伊拉克在一九九〇年入侵科威特）。自從一五〇〇年代以來，所有世界強權（葡萄牙、西班牙、荷蘭、英國、美國）都是擁有足以控制海洋的全球性海軍的海上強權，這並非偶然。你必須保持你的航運路線暢通，才能確保戰區物資的供應流通。假如你做不到這一點，就會輸掉這場戰爭。

如果你可以保證海上航行的安全，你還必須確保足夠的船隻來運輸大量的補給。在一九八二年的福克蘭戰爭中，英國發現他們的船隻嚴重不足，以至於必須徵用五十四艘英國民間船隻，在相隔七千英里的英國與南大西洋間運輸補給品。這些船隻包括了十五艘油輪，甚至還將一艘鐵行郵輪公司（P&O）的郵輪改裝成治療傷兵的醫院船。最終，這些被徵用的船隻載運了十萬噸補給，九十五架飛機，九千人與四十萬噸燃料——如果沒有這些船隻，這次反攻根本不可能發生。

最大規模的「運補線」衝突範例，是二戰期間的大西洋之戰。它也被稱為「噸位戰爭」，是一個幾乎持續貫穿整場戰爭的海上作戰。它包括盟國對德國的海上封鎖，藉以遲滯對方獲取進行戰爭所需的物資，以及德國的反封鎖——主要目標在於阻斷從美國運往英國與蘇聯的軍事補給上。

在整場戰爭中，特別是在一九三九至一九四二年間，這些美援補給是保持英國與俄羅斯持續進行戰爭至關重要的物資。舉例來說，英國為了生存和持續作戰，需要每週一百萬噸的補給。如果沒有擊敗德國潛艇（U艇）對盟國海運補給的威脅，要將這場衝突從一場主要是防禦性的戰爭扭轉成推向納粹德國的進攻性戰爭是絕不可能的。

如同我們所知道的那樣，盟軍贏了大西洋海戰以及第二次世界大戰。但在盟軍擊沉了七百八十三艘U艇、成功解除這種威脅之前，為這場勝利付出了一定程度的代價；七萬兩千人、三千五百艘商船、一百七十五艘軍艦，以及七百四十一架飛機因此而失去了。這是一場在戰略層級上的後勤之戰，而盟軍必須先贏得這場戰役，才能在更廣泛的衝突中獲勝。就像邱吉爾當時所說的：「在戰爭期間，唯一一件讓我真正害怕的事情，就是U艇的威脅。」

現在我們來討論戰術層面的後勤：當你獲得資源，進而製造武器與裝備，並將它們運送到戰區後，接下來你必須穿越戰區運輸物資，直到距離敵人僅僅數百公尺的士兵手裡。

戰區內的後勤

當軍事後勤進入戰區後，它們會變得非常脆弱。這不只是因為你需要嘗試使用當地基礎建設（道路與鐵路）運送大量補給品。這些基礎建設往往並非用於承受你所需要的沉重載運，而且也因為你的對手會試著炸毀橋梁、在道路交匯點布雷，或是破壞你仰賴的鐵路站場。不只如此，在作戰期間，敵人也會在補給品到達你的部隊手中之前，便設法攻擊它們——通常會優先摧毀你的燃料，然後是彈藥，而你也會對他們採取同樣的行動。

以下這些是適用於戰區後勤的基本原則。

首先，你必須在仍然安全的範圍內，盡可能把你的補給品往前儲放。如此的安排，意味著它們可能被安置在更接近你絕大多數戰鬥部隊所在位置，因此你手邊就更有本錢來保護你的後勤車輛與補給品。後勤車輛只有非常薄弱的裝甲，且充其量最多只有一門小口徑機槍來對抗敵軍輕裝步兵的襲擊。

第二，你必須試著預估你在未來的幾天乃至幾星期間，隨著戰鬥強度增減的相關需求。這必須靠著軍隊中的戰鬥與後勤單位的持續溝通，了解他們的物資庫存與需求。這種溝通是即時的。舉例來說，當一個步兵班占領某個敵軍據點時，他們要做的第一件事就是規劃防務——簡單來說，就是哪個士兵負責把守哪個方向。第二件事是計算他們的彈藥消耗量，及在當下這個時段（通常是二十四或四十八小時），他們還需要多少彈藥。這些事情甚至比搬運傷者還要來得更優先。

第三，這和你準確評估實際需求的能力息息相關，你必須努力保持後勤的運輸，因為機動目標比較難攻擊（這也是為什麼精準導引武器那麼重要的緣故）。一旦你的後勤補給線停下腳步，它就會成為目標，並且需要保護。設法對其進行偽裝，或者針對它的存在展開欺敵，否則它就會消耗更多戰鬥力來進行保護，繼而進一步削減你的推進力。

這個原則意味著在一場快速行動的戰爭中，你的戰鬥單位與後勤補給線在戰場上就像是一台手風琴，進攻部隊前進後暫停，等待後勤趕上並進行再次補給。這兩個部門的協調非常重要，因為超出補給線範圍必然會導致失去兩者。

你也必須避免相反的問題：靠近前線的交通堵塞，以及綿延好幾十公里的交通回堵都是稀鬆平常的事，而這會變成敵軍的明顯攻擊目標。在戰時，憲兵的任務之一就是指揮交通，保證交通的暢通，並避免交通工具擠在同一個區域塞得水洩不通。這也是為什麼撤退如此難以執行的緣故（我們將會在第九章中探討更多細節）。軍隊必須削減其後勤支援，以便作戰單位能夠撤出這個區域，但這些作戰單位沒有了後勤支援，又很難繼續戰鬥下去。

第四點，也是最後一點，當你在思考補給的時候，不應只是考量到往前輸送至前線的補給品與裝備，而是也要考慮到相反方向的運輸需求。在燃料、彈藥與其他補給品需要往前送的同時，死傷者（不管是陣亡還是受傷）、戰俘以及受損或故障但還可修復的裝備，都必須進行後送。你也要想到軍墓勤務隊，這些單位會負責收殮士兵遺骸，將它們運回以進行身分辨識與埋葬。

這種反向運輸物流對軍隊的中期運作至關重要。以人員死傷為例，如果士兵知道他們可以獲得醫療支援，或是他們的遺體會獲得妥善安置，那整支部隊都會有更好的士氣。戰俘是珍貴的情報來源；善待這些人，將會讓你對廣大世界更加合理化你的戰場論述。破損的車輛一旦修復，就可以重新補充進你的軍械庫。而將它們拖離前線，也可以避免道路堵塞，或是占據你鐵路網的寶貴空間。

當應用在戰場上的時候，這些原則該怎樣推行？

你的軍隊將依附於來自海港（或河港），沿著鐵路或公路（也許兩者並用）延伸的後勤補給線，這些被稱為「主要補給路徑」（Main Supply Routes, MSRs）。即使你的車輛可以越野作戰——這也是為什麼你的戰車採用履帶而非輪子之故，但百分之九十八的後勤車輛仍須依賴道路行駛。如果戰爭發生在遠離主要補給路徑的地方，那你的單位就必須一再地到這個網絡上，以進行重新補給。因為鐵路網不會延伸到每個地方，所以軍隊補給的最後一哩路——通常也是最危險的部分——總是沿著道路進行。

這解釋了為什麼這麼多戰鬥發生在道路沿線，而在密林中或翻山越嶺的戰鬥又是如此艱難——不是因為你的戰鬥單位不能穿越它，而是因為一旦戰鬥單位通過後，要對他們進行補給就極度困難。某些軍隊——如俄羅斯武裝部隊——極度仰賴鐵路進行軍事後勤補給。這種做法在防衛戰爭中雖然能有優異表現，但當他們試著占領領土時則存在明顯的限制，因為他們仍然要靠自己的鐵路網來承擔補給行動。

考慮到道路網的重要性，你的軍隊會有一套道路（橋梁、路口交匯點等），以及車重限制的調度系統。當在地圖上進行標記後，這讓你能夠看出是否能設法運輸裝甲師每天二百九十五個貨櫃的需求，從而讓他們能繼續戰鬥。這肯定會影響你可以在什麼位置部署砲兵陣地的決策。

你的調度系統將會以道路能在不損壞狀況下的承重程度，來對道路與車輛進行派遣。歐洲大部分的公路可以承受最大四十四噸重量（以負載由多個車軸所分擔的聯結車為準），這讓你能夠運輸一個海運貨櫃的補給。但一輛主戰戰車的重量從四十六噸（俄羅斯的T90）到六十四噸（英國的挑戰者二型）不等，它們很快就會損壞道路網，使得工兵必須不斷修復或改善道路。

一旦完成道路管理系統後，你還必須考慮橋梁與道路交匯點；這些地方一般來說，在承受重量上將會更加受限。舉例來說，舊金山的金門大橋限重三十六噸，如果你把你的戰車開過去，就會對該橋梁造成損害。因此，若你打算從北邊入侵舊金山，你的工兵也許必須建造另一座橋。其他的著名橋梁甚至更加受限——倫敦塔橋只能承受十八噸的重量——，你將不得不把貨櫃打散成散貨送過去。道路交匯點因為車輛的匯集而形成更大的壓迫，所以也經常是某種形式的咽喉點。

這些現實狀況意味著你必須要為戰區的每一條道路指定承載管理。這也適用於你車隊中的車輛，這些車輛通常會按照自身重量來進行標示。在後勤車輛方面，則是會按照能乘載貨物的重量大小來分門別類。如果你忽略這些限制，你的車輛就會陷入維修問題，道路網也將會開始崩壞，從而危及戰鬥部隊的重新補給。你將會充滿挫折地發現，道路或許具備可接受的負載能力，但橋梁和道路交匯處卻會變成瓶頸。工兵的一項關鍵任務，就是提前調查所有橋梁和道路交匯處位置，看看它們是否需要被加固或者替換。

你必須配置各式各樣的軍事後勤車輛，包括了能夠駛到更前線、較輕型，較小型的車輛。你也需要重裝備的運輸車輛，以長距離運輸你的戰車、其他履帶車輛或重型車輛。這些「戰車運輸車」也許會直逼八十噸重，因為它們的尺寸龐大，你應該只會把這些車輛推進到戰區邊緣。

再往下一級，你將必須依賴兩種主力車輛：載運貨櫃的聯結車，以及載運燃料／飲水的槽車。這些大型後勤車輛穿梭所謂的戰場「後方」，雖然預期它們不會遭遇敵方單位，你還是需要在後方地區配置戰鬥單位來維持安全——主要是確保你的後勤補給不會受到擾亂。

大致上來說，每公里道路需要配置三名士兵來保護補給線，免受中等規模的游擊隊或叛亂分子的威脅。而在保護關鍵節點如橋梁和道路交匯處上，需要更多士兵（這三個士兵並非依每公里分散配置，而是組成排或班的規模來進行巡邏）。在廣大的戰區中，這可能會累計加總到數千名士兵之多，從而削弱你可以用來戰鬥的部隊人數。此外，你前進得越遠，你必須保護的補給線就越長。這是一個簡單的數學題，但許多人都會忽略它。你應該仔細考慮這點。

你的第一種主力運輸車輛是可以運輸貨櫃的聯結車，總重約四十噸。許多軍隊設計了裝有迷你起重機，可以自行裝卸貨櫃的車輛。就結果來看，戰場會因此充斥著廢棄的貨櫃，這些貨櫃常會被再利用作為臨時掩體或者指揮所。

你的第二種地面部隊的主力運輸車種是槽車。它們一般可以搭載兩萬公升的燃料，或是三萬公升的水（如果是後者，意味著總車重約三十五噸）。擺在會對戰鬥力造成影響的脈絡來看，你的每一個裝甲師每天需要一〇五輛油罐車與三十八輛水罐車，才能保持行動與作戰。每支軍隊都會承受這種限制的磨難：美軍在二〇〇三年的伊拉克戰爭中，就曾因為無法快速運輸足夠的燃料，必須短暫停下進軍巴格達的腳步。

你的這兩種主力運輸車輛將會把補給運送到師級（一萬人），甚至下到旅級（三千人）

的再補給區域。在這裡，你應該要區別機械化、裝甲單位，或其他可以自行前往補給區的單位，以及其他單位——通常是步兵——它們可能因為需要固守陣地或機動力不足而無法移動。

機械化與裝甲單位可以自力行軍到再補給區域。這些區域——以及這兩種主力後勤車輛——通常會保持在步槍、機槍的直接火力範圍外，但又足夠接近前線，可以每二十四小時提供一次補給。這給了我們一個數字：在再補給區域與前線之間應該至少保持約一英里的距離，如果你的裝甲部隊可以快速移動，這個距離最大可以達到十至十二英里。

你必須盡可能移動調整旅級的補給區，否則它們將會成為敵軍的攻擊目標。如果你預計要在該地停留六到十二小時，那就必須設法偽裝、欺敵以及防護——特別是防禦空中與砲兵攻擊。一發直擊彈就可能引爆所有的彈藥和燃料（也就是你的絕大多數補給）。在一場移動迅速的戰鬥中，你的防空資源將會極為短缺。

通過了最後一哩路，你軍隊的後勤單位將會把補給移交給那些正在據守固定陣地的戰鬥單位（通常是步兵）。戰鬥單位無法前往再補給區，所以他們在戰鬥群中的所屬後勤團隊，將會接收補給品，然後將這些補給品打散成小型貨物，再裝載在七到十四噸的貨車（一個一千名士兵的戰鬥群，每天需要兩輛這種尺寸的貨車來補給食物、飲水與彈藥），把補給分配到自己所屬的戰鬥連中。而當自身的後勤單位穿越戰場時，作戰單位必須要為其提供保護。

你的戰鬥群應該設法保持足以支撐二十四到四十八小時的補給，以及如大型發電機、重要裝備的備用零件等戰術級存貨。這些補給品將被送達每一個戰鬥連的手中，通常會由一名資深士官負責這個連的後勤事務。

在連隊這個層級——約一百五十人——目標是在戰鬥中完成補給。這主要包括補充彈藥，後送死傷者（如果沒有後送死傷者的直升機可用）。你的軍隊將會需要動用四輪驅動車、三輪車或附掛拖車的摩托車來達成這個目標。舉例來說，英軍會使用全地形四輪機車拖曳拖車，向前運輸彈藥並將傷者的擔架後送。傷者接著會經過層層後勤系統後送，通常會搭上一輛戰場救護車送到野戰醫院。

這是所能做到的最密接層次的後勤支援。在這個之外，你的部隊需攜帶自己的彈藥、食物與飲水進入戰鬥。而當進行戰鬥的時候，部隊士氣越高，他們就越可能在混亂、血腥與毀滅性的戰鬥中存活下來。在下一章，我們就要來探討部隊士氣這個話題。

第三章　士氣

一旦你擬定了一套現實可行的戰略，並規劃好從原物料到刺刀的部隊後勤後，接下來最重要的事情，就是讓你的部隊擁有足堪戰鬥並獲勝的士氣。士氣不僅僅指的是愉悅的心情而已，它是保持你部隊團結的黏著劑。

坦白說，近身戰鬥是人類體驗中最令人驚恐的事情之一。每一次近在咫尺的爆炸，或是子彈爆裂都足以引發恐懼，即使是受過高度訓練的士兵也不例外。同袍或親密友人的死亡，更會造成毀滅性的衝擊。兩到三天無法成眠或是身受創傷，即使是最強壯的人都會被壓垮，最終導致團隊瓦解，因為每個人都會變得畏縮不前，只專注在自己的生存。

良好的士氣是對於這些無從避開的問題的解答：它讓你的部隊免於恐懼，並防止你的團隊分崩離析。士氣在戰爭中是如此重要的因素，以致於有良好裝備卻士氣低落的部隊幾乎總會輸給裝備薄弱卻士氣高昂的部隊。而最終，在近身戰鬥的時候，只有那些具備最強烈生存意志且一心想贏的人，才會贏得勝利。

在二戰的緬甸作戰，斯立姆將軍就深刻地體會到這點。他確實是位「士兵中的士兵」。他走遍戰場、參訪單位，和官兵交談，反覆堅定地向他們傳達一個訊息：日軍是可以被擊敗的，且必定會被擊敗的。他也透過嚴厲但公正的紀律來強化這點，以便士兵清楚自己的處境。由此而生的高昂士氣持續支撐著十四軍團，直到一九四五年戰勝日軍為止。

士氣在激發並維持你的戰鬥力上是如此重要，所以你的敵人也會明確地試圖毀滅你的士氣，以粉碎你的凝聚力，並腐蝕你的戰鬥精神。實際上，一些軍隊把士氣列為其軍隊的核心準則，而你也應該這樣做。舉例來說，英國軍隊在準則上指出，軍隊在戰場上的主要目標，在於瓦解敵軍的凝聚力以及戰鬥意志。許多戰爭的輸贏，是在意志上，而非戰鬥上。如果你可以讓你的敵人投降或遁逃，那比把他們全部殺光要來得簡單許多。

所以，凝聚力——保持你的小型團隊的團結，並讓它良好運作——在近身戰鬥中是很關鍵的。因為戰鬥經常是由掌握關鍵要地（如山頭或橋梁）的少數士兵決定勝負。因此，你軍隊的士氣以及士氣創造出的凝聚力，將會成為作戰成敗的關鍵。

關於士氣的重要性，其實還有更微妙的原因。它會給予你的士兵感到更有活力、更為樂觀，而當在戰場上不可避免地遭遇困境時，他們可以藉此支撐自己。士氣良好的部隊會感受到自己可以辦成任何事情，並且克服任何困難。他們更有可能為同袍、而非只為自己奮戰，較不容易受傷，而即使受傷也能更好地應處。

士氣高昂的部隊，除了能維持團隊凝聚力之外，或許僅次於這一點，高士氣的部隊在執行單調重複的軍中任務時，更能表現出部隊的紀律。部隊是否會先用車輛掃清地雷才走下車？他們是否會在巡邏過程定期暫停，靜聽周邊狀況？他們是否每天清潔步槍？對這些事務上維持紀律約束是讓士兵存活的關鍵，因為他們不會毫無緣由地踏上地雷，而他們的步槍也不會在最需要的時候卡彈。簡單地說，士氣、紀律與傷亡率之間存在著不可分割的連結。

我親眼目睹過這一點。當我在阿富汗服役時，我必須穿越戰場到不同的單位去。這讓我對是哪種東西形塑了單位的專業與效率、又或者反之（也就是好單位與壞單位），有過深刻的觀察。毫無例外地，糟糕的單位總是有著孱弱的長官，士兵瞧不起他們，且總是在背後議論他們。沒有比這個更能侵蝕士氣的了。由於士兵對於他們自身和長官都欠缺榮譽感，意味著他們通常懶得去做令人厭煩或困難的事情，結果就變成車輛每天同一時間走著同樣的路線。在巡邏的時候，即使穿越明顯易受伏擊的地點，也不會多費一點心力巡一下高地。對路旁炸彈的檢查——這是從小兵到將軍，每個人都應負的責任——都流於表面，遺漏掉明顯被翻動過的地面，甚或根本完全忽視。悲哀的是，這些單位都會遭受他們原本可以避免的較高死傷率。士氣至關重要。現在就讓我們來討論如何在你的部隊中建立並維持士氣。

維持良好士氣的高水準根基

當你試著建立一支維持高度士氣的戰鬥部隊時，首先要考慮的是一個近乎哲學性的問題。它要求你深入思考你的國家是如何建構的。這是因為良好士氣的基礎，立基於軍隊、政府與人民之間的互信與互相尊重的關係上。每個因素都必須反映並回應另外兩個因素，且三者之間應該要保持一種正向的緊張關係。這在實際操作中意味著什麼呢？

首先，一個政府在推動其戰略意圖時，必須取得人民的支持——不管該政府是透過民選還是其他方式產生。雖然人民不需要認同每一項政策，但如果他們對於政府有廣泛的支持，這將會鼓勵軍隊去遵從政府的命令。

第二，你的人民必須支持軍隊。為了讓這點能有效運作，你的軍隊不應被視為與人民分離的存在。他們應該在公眾視野中，為共同信念發聲。資深的軍官應該與媒體進行交流，地方單位應該要和地方社群進行合作，諸如此類。相反地，如果你的軍隊總是以一種人民認為不妥的方式在行事——比方說虐待敵方士兵（並非所有人民對這種行動都有相同反應，但大部分民眾會反對此點），那你的民眾可能會收回原先對軍隊的認同。

你的軍隊是社會大眾的縮影，是來自全民各個階層所組成的群體。舉例來說，假如你的軍隊都徵募自某個種族或階級，那麼當出現明顯傷亡的時候，軍隊與這群百姓的關係就會陷入緊張。這個群體自然會感覺到他們扛起了不成比例的重擔，而不是由全體的作戰適齡人口所共同承擔。

更重要的是，你的軍隊也必須被認為能反映大眾的價值觀。如果你的國家基本上性別平等，那你的軍隊就該接受女性擔任各種角色。如果反其道而行，軍隊就會承受被廣大人民視為與社會疏離的風險。如果你的國家致力於消除種族與宗教歧視，那麼軍隊就應該包容國內的所有種族與宗教。如果你是民主國家，那軍隊的指揮形式就需要反映這一點，並且擁有某些民主的問責制度。如果是專制政體，那當然無庸置疑地，會有更為專制的指揮形式。

這些情感也會反向操作：政府和軍隊必須採取行動，並且要被視為是為了人民的利益而這麼做。在最極端的狀況下，這意味著你必須避免使用軍隊來對抗人民——比方說鎮壓一場暴動。但更為微妙的是，軍隊也應對於他們將自己置身於危險之中而感到自豪，因為這能讓大多數人民得以安全。是故，政府必須深思將軍隊派往危險地區的嚴重性，既不應輕率部署部隊，也不應該冷酷無情地行動。前文在全國性動員的背景中提到的芬蘭，就是一個三方均衡的好例子。

這些關係需要花費數十年來建立，但卻能在數分鐘之內崩壞。在民眾、政府和軍隊之間擁有強大且長期相互信任傳統的國家，可以禁得起一場不受歡迎戰爭中的起起伏伏（但或許無法承受一系列不受歡迎的戰爭）。這種關係必須年復一年細心建立，因為它是良好士氣與軍隊實力的基礎。

你也應該謹慎思考任何你有開戰選擇性，且對於敵人則是為其存亡而奮戰——比方說保家衛國——的衝突與戰爭。當人民在防衛他們的家園與家庭時，他們將會以極度強韌的戰鬥力及無與倫比的士氣奮戰。在這種狀況下，你必須要求你的戰略規劃團隊思考，你是否可以達成你的戰略目標。

如果你的軍隊是由徵召而非自願組成，那這種評估將會具有更大的意義（我們將會在下一章探討這兩者的差別）。在越南的美軍與在烏克蘭的俄軍，都以慘痛的方式學到了這個教訓：當人們背水一戰的時候，他們將會發揮出更強烈的戰鬥決心，遠勝那些被派來對付他們的徵召兵。

你的軍隊也必須贏得戰鬥與贏得戰爭。沒有什麼比戰場上的失敗更容易腐蝕人民、政府與軍隊的三位一體關係了。不可避免地，軍隊將會把這場災難歸咎於政府——反之亦然。人民會感覺失望，並對於誰該為失敗負責產生自己的看法。因為這件事情涉及士氣，所以必須不惜一切代價避免失敗。

這些因素可能會結合在一起，並導致意想不到的結果。當第一次世界大戰邁向終局時，德意志帝國海軍被命令出海和英國皇家海軍戰鬥。海軍拒絕服從並發生譁變，從而導致了一九一八到一九一九年的德國革命。這場革命摧毀了老舊的君主制，促成了民主的德國（又稱威瑪共和國）。德國海軍的崩潰是由它低落至谷底的士氣所引發——這種感覺在德國國內廣泛瀰漫，認為政府和軍隊已經不再為人民服務（人民已經忍受了四年的困苦），除此之外還有先前在日德蘭海戰中的失敗，以及糟糕的配給。從這個教訓學習到的是，部隊的士氣能維持軍隊持續作戰的能力，以及維持政府的統治地位。

平時的戰爭準備

一旦考慮了這些基本理念，高昂的士氣（以及它所產生的獲勝決心）就要透過逐步增加難度的訓練、優秀的領導統御，以及堅定且公正的紀律來進行培養。簡而言之，除了上述因素之外，配合你將要投入的戰爭類型的嚴格訓練，是提高士氣的最重要手段。

你的訓練計畫需要發展出軍官與士官的領導統御能力。良好的領導統御對於士氣至關重要，如果你曾經為某個領導統御能力很爛的人共事過，你就會明白這一點。優秀的指揮官會和他的官兵一起分擔部隊中的種種責任與風險。當要襲擊敵方戰壕時，他們將會緊緊跟在尖兵身邊。他們在巡邏時會幫忙攜帶額外的彈藥。當廁所需要清理的時候，他們也會主動拿起拖把和水桶。

領導人在現實與道德上都需要英勇。現實上的勇氣對所有人來說很容易被理解：他們是否願意讓自己置身於真正的危險之中——比方說衝向一部敵方車輛，並設法癱瘓它——還是畏縮不前？你的指揮官若無法展現這種現實上的勇氣，是極度不可思議的事，因為部隊的勇敢是源自於指揮官的勇氣且很大程度因此而受到強化。在戰鬥產生的恐懼之中，士兵也會把指揮官視為樣板，尤其是他們的自然本能傾向於要自我保護時。

有無數的例子證明，在戰鬥中的勇氣如何形成氣勢扭轉的轉捩點：舉例來說，在福克蘭戰爭中，英國陸軍傘兵團第二營營長瓊斯中校（H. Jones），親率部隊對在壕溝固守的阿根廷軍陣地發動了仰攻突擊。雖然他自己在這次行動中陣亡，但他被認為動搖了阿根廷部隊的士氣，並成功激勵部隊完成這次攻擊、占領敵軍陣地，從而改變了這場交戰的結果。

道德上的勇氣比較少被提及，但可以概括為在困難與不方便情況下也會做出正確事的行為。這可以說是簡單的事情，如：當你犯錯的時候坦白認錯；不要染指同袍的丈夫或妻子；勇於報告好友犯下的偷竊或欺詐行為，以及長官試圖掩蓋的戰爭犯罪（假設你的軍隊認為戰爭犯罪是不正確的話）。

道德勇氣的對立面是腐敗——不管是收受賄賂、甚至更極端的侵吞士兵薪餉都是如此。沒有什麼比腐敗的領導人更能快速削減士氣了——如果一位領導人在過去兩年間一直從士兵的薪俸中抽取一成的「稅金」，那還會有人願意冒著敵軍的機關槍火力衝鋒嗎？在二〇二二年入侵烏克蘭的過程中，俄羅斯就發現這一點讓他們付出了沉重的代價。阿富汗於二〇二一年塔利班（重新）掌權過程也是如此。在這兩個案例中，俄羅斯與阿富汗軍隊都陷入士氣極度低落的窘境，而蔓延在軍官階層之間的腐敗是主要原因之一。在阿富汗的例子中，軍隊在兩星期間就土崩瓦解了。

道德勇氣為何能帶來良好的士氣，乍看之下可能不太明顯。事實上，戰場與戰爭一般來說，往往是個道德模糊的場域。許多人會死亡，而且往往是在不公平或是無辜的狀況之下。領導人常常為了某個理由發動戰爭，卻向公眾宣稱是另外一套原因。並且就定義上而言，戰爭兩造對於正在發生的事，都會有彼此相反的理念或解釋。這種混淆之後又會被那些經歷戰場、感受到極端情感士兵所詮釋。簡單而言，在戰爭中，我們很難斷定是非對錯。

舉例來說，你的武裝力量根據你提供給他們的說辭入侵一個國家——他們將從暴虐無道的政府手中解放當地人民。可是當你的部隊抵達那裡時，他們發現一半的人民認為你是解放者，另一半的人民則認為你是侵略者與壓迫者。當你的部隊執行日常任務時，他們很難理解這種矛盾的原委，且這一點會影響到他們與當地居民的所有互動——不管是軍事方面還是其他方面。當然，這種「例子」（當地居民的意見比例會有所不同）在最近的戰爭中，可以說是信手拈來、舉之不盡。

領導統御可以釐清這種混亂，因為好的領導人會幫助他們的士兵，引導它們穿越環繞戰場與矛盾的道德模糊性。他們提供一套能解釋事件的清楚道德架構，但只有領導人具備道德制高點與誠實時，才能成功做到這點。總而言之，道德勇氣支持領導統御，而領導統御又支持良好的士氣。

領導統御和紀律也密切關連。紀律是圍繞你士兵的一套框架，對於他們的行動設定規範，而領導統御的一部分就是管理監督這套框架，以確保它被遵循。很顯然，如果領導人不能以身作則，那就無法執行紀律——在高效的軍隊裡，沒有偽君子的容身餘地。最終，紀律與領導統御讓人們在作戰看似絕望時，仍然能繼續戰鬥與遵守命令。

不同軍隊有不同方法來維持紀律：在某些國家如北韓，紀律實際上是專制暴政，違反紀律的士兵會被處死，或是送進懲戒營。在光譜的另一端，大部分西方國家是以嚴格但公平的標準來執行紀律。這些紀律是為了培養士兵與軍官間的互相尊重，還有對於自身與同袍的自豪感。紀律因此應該被視為一種激勵性的、指引行為的框架。

如果你想要軍隊取得成功，就必須把領導統御與紀律塑造成你軍隊文化的一部分，而這兩者都必須靠著和平時期的兵役中，數以千計、不斷反覆累積的小細節來建立。士兵的穿著打扮應當整潔；他們應當按要求向長官行禮；他們應當準時抵達、執行任務；他們應當遵守合法的命令，不論命令為何。紀律為遵守命令設定了模式，且創造了一套讓人們知道如何行動的框架，而正是這點——在戰爭的道德觀的模糊性中——相互矛盾地幫助他們享有與受益於更高標準的士氣。

紀律也有非常實際的功用，能確保士兵執行枯燥、令人不悅和重複的任務——比方說把戰壕挖到指定的深度，而不是因為很疲累就隨便挖淺一點；執行指定的防衛性巡邏；對營地進行適當偽裝以避免遭到空襲——這些任務最終都可以拯救生命。

當你在戰爭中觀察你的軍隊時，他們在執行這些枯燥或令人不悅的任務時是否保有紀律，是一個判斷他們的士氣（以及他們的效能）的良好方式。所有這些行為都可以當成軍隊士氣低落的早期預警指標，同時也會預示出未來的重大問題，例如士兵開小差、甚或極端狀況下的譁變。你應該要對於這些訊號保持敏銳，特別是它們是否和你的將軍對於部隊士氣狀況的描述一致。任何不一致都不只是警告你有關軍隊的狀況，更警告你的將軍可能因為逢迎拍馬而誤導了你。

你現在應該相當清楚，士氣的無形特質最好是通過其他無形因素來維持，如政府、人民與軍隊間的平衡關係，以及高度的領導統御與紀律標準。一旦缺少這些因素，你的軍隊士氣將會受損，他們也會變得益發沒有效率。但假使你具備了這些因素，那你就該接著思考其他更為實際、可以支持並強化良好士氣的行動。

戰爭中的良好士氣

在戰爭中，最能促進良好士氣的因素就是勝利。你的將領必須努力確保你的部隊在短期內，能早早獲致成功，以便他們在長期內能夠承擔更大、更困難和更艱鉅的目標。換句話說，將領們應該仔細安排他們所承擔的目標的先後順序，好讓士兵感覺到他們身上有一種無可抵擋的衝勁氣勢。

彭英武爵士元帥（Lord Edwin Bramall）——一位在D日灘頭開始了自己職業生涯，並在一九八〇年代成為英國國防參謀長的英國軍官——在一九六〇年代任職於婆羅洲時，就使用了這套技巧並獲致重大成功。作為一位營長，他逐步給予底下的連比較困難的目標：首先是前哨，接著是長距離叢林巡邏，然後是兩棲突襲。這種循序漸進的規畫讓成功與良好士氣，隨著戰鬥進行而彼此強化。勝利是無可取代的。

最後，還有其他實際步驟可以用來保持士氣高昂。提供你手頭最好的醫療資源，以便於你的士兵預想到自己在受傷的時候，也有可能存活。同樣地，一旦士兵陣亡後，盡一切努力從戰場上帶回他們的遺體。必須讓他們知道，自己深愛的親人，會被告知自己是如何過世，以及被埋葬於何處。

不收殮、埋葬遺體，或是提供適當的醫藥治療，在非民主國家中甚至會引發問題：在最近幾十年的俄羅斯——在阿富汗與車臣戰爭期間——母親們組成的組織提出抗議，並要求取得他們戰死或被俘子女的相關訊息。這些運動為他們的政府創造了巨大的政治問題。畢竟沒有什麼比悲傷的母親更具政治感染力了。

最後，你必須付給士兵合理的薪餉，適度地供給他們，並當他們在前線為你奮戰的時候，照顧他們的家庭。這從兩個角度來看都是顯而易見的重要——士兵會想要知道他們的配偶與小孩生活得足夠好，而你的人民也會為英雄們的家庭要求這點：這有助於建構政府、人民與軍隊之間的基礎關係。

第四章　訓練

比起其他任何事物——戰爭，會是人類不遺餘力地投入，因此你手下不管是男性或女性官兵的水準將決定成敗。軍事訓練超越個人，進而創造出團隊，最終形成由多個團隊所組成的軍事有機體。

訓練讓個人在體能更好、更加結實，使得他們的思緒和行動變得有序，以便於他們可以融入軍事團隊，以及更廣大的軍事文化裡。它鍛鍊了身體、心理與情感方面的力量。最重要的是，貼近需要且有效率的訓練，對於良好的士氣多所裨益，而我們在前一章已經了解到有關士氣的重要性。

你應該把戰爭看成是一種終極的團隊運動。如果你的團隊在殘酷的近身戰鬥中仍能保持高度凝聚力，那他們就能生存且贏得勝利。不只如此，如果你的團隊——比方說，一個約三十人的排——能夠和其他團隊協同合作，你將走上創建一個巨大的、分工明確的團隊的道路，而這正是成功的軍隊所需要的。

訓練不是教育。你的訓練計畫應該要聚焦在學習那些能夠實際產出成果的技能與行動上。舉例來說，如果你遭受砲火攻擊應該怎麼辦？受過同樣訓練課程的人們，當聽到砲彈呼嘯飛來的時候，應該都會做出同樣的反應（立刻趴倒在地上）。

另一方面，教育則是用來獲得知識，而不一定實際聚焦在結果上：被教過關於火砲知識的人們，在遭到砲火攻擊時不見得會做出相同的反應（有些人會趴倒在地，有些人會四處奔逃，其他人則會蹲下掩護自己的頭部等）。雖然教育與訓練在軍中都是必須的，但在這一章將會專門探討有關軍事訓練。

軍事訓練背後的基本原則應該是組建一個由人員所組成的團隊，讓他們逐步面對日益嚴酷，直到近似於真實戰爭的情境當中。這會產生兩種效用：首先，它訓練整個團隊及團隊中的個人，如何在技術層面上進行作戰：例如他們要如何操縱戰車穿越戰場，然後摧毀森林邊緣的敵軍車輛。

第二，透過在訓練中反覆一起面對逆境，團隊會逐漸融合成一個越來越緊密的單位，這種親密程度將宛若家人。姑且不提較有凝聚力團隊的明顯好處，這種凝聚意味著團隊裡的每個人，將更有可能為彼此置身危險境地，甚至在極端狀況下不惜為隊友犧牲生命。他們也將會感受到更高昂的士氣，這能幫助他們保持凝聚力。

這種同袍情誼對於軍事戰力與效率來說，就算不是唯一基石，也會是重要基礎之一。它也是許多老兵在結束軍旅生涯後，最想念也最常提及的東西。當他們在酒吧中聚首的時候，會一起談笑討論那些他們曾經面對的逆境——長途行軍、無法成眠的諸多夜晚，以及攀上過的各座高山——並且穿插著他們身處在忍耐極限時，對同袍曾施展過的惡作劇！這是一種獨一無二的關係。

本章將會闡述如何從個人到數十萬人的多國聯軍訓練你的軍隊。在此會說明如何以不同的方式挑選人員，並幫助你在不同的訓練理念之間做出選擇。它會描述什麼是基本訓練，以

及要訓練如指揮官、核潛艦工程官，以及無人機操縱員此類高度專業人員，需要多長時間。後續會解釋如何訓練大型單位——如旅和師——以及在多國聯軍中運作的實際狀況（如今的大部分戰爭，都有多國聯軍的參與）。

軍事人員的挑選

挑選軍事人員有兩種主要途徑：要不採徵兵方式（依法律要求）徵召士兵加入你的軍隊，要不就透過志願者報名從軍。這兩者各有優缺點，端看你想建立的軍隊類型而定。

徵兵是強迫公民（通常是男性，但有時候也會包含女性）從十八歲剛開始的成年階段，在你的武裝部隊裡服役一到兩年。通常會因完成學業或醫療方面理由而存在豁免狀況。某些國家對於這種豁免相對寬鬆，傾向於保持一個由心甘情願受徵召者骨幹組成的隊伍，而在某些腐敗猖獗的國家，可以透過花錢來獲得免役。這意味著，這些軍隊主要會由家裡付不出錢免役的窮人所組成。光譜另一端的個案是厄利垂亞，一個非洲東北部的極貧國家。在那裡，男女幾乎都要被徵召為兵，並且有時徵召會一直持續到超過能有效從事軍事相關活動的年齡

（在大部分的職務來說，通常是四十歲左右）。

大革命時期的法國在一七九三年，成為第一個導入徵兵制的國家。當時他們正在和好幾個歐洲國家作戰，無法只靠志願役滿足人力需求。所有十八到二十五歲、身體健全的男性都被要求服役。法軍在一年之內就擴張到一百五十萬人。在二十一世紀初，世界上有八十五個國家，大約是現有國家的一半再少一點，採取某種形式的徵兵制。許多已經取消徵兵制的國家（如二〇一〇年的瑞典與二〇〇八年的立陶宛），也因為鄰近的軍事威脅（在這指的是俄羅斯）而重新恢復徵兵制。

徵兵制的好處是，可以用相對低的成本建立出一支規模龐大的軍隊。規模龐大的軍隊有其益處（就像史達林所說：「數量就是一種價值」），並起到嚇阻作用，可以讓潛在敵手對你發動攻擊時將更加小心謹慎。他們也會在你的人民當中，創造出一批對軍事事務有基礎認知的人。當緊急事態發生時，這些人可以用更快的速度重新融入你的軍隊。最後，徵兵制可以創造並強化出一種共有的國民意識，它對新建立的國家相當有幫助——例如以色列，就因這種徵兵方式獲益匪淺。不只如此，人民也會比較傾向於支持武裝部隊，因為他們大部分都曾體驗過軍旅生活。

然而，徵召來的軍隊往往訓練不足，技術能力也比較低。訓練士兵要花時間，很難在一年的兵役期間中獲得足夠的戰技與經驗，進而在戰場上形成影響力。這限制了徵召兵在衝突中的效力，除非你打算訓練他們去執行最簡單的工作，或者你對於士兵因低訓練度而居高不下的傷亡率並不在意。緬甸就是後者最好的例子。

對於厄利垂亞或俄羅斯這樣的國家，傷亡的影響不大，但在富裕、民主的國家，這在政治上會是無法接受的事情。徵兵制在中國也難以順利推行——他們的軍隊是志願性質的——一胎化政策讓許多家庭只有一個孩子，大量的死傷者也許會導致嚴重的社會騷亂。法國在一九九六年取消徵兵制，原因是他們在一九九〇年的波灣戰爭中意識到，法軍在部署上幾乎只能仰賴他們的職業軍人，而非徵召兵員。現代戰爭實在太過複雜，以至於想讓訓練不足的士兵存活下來，真的很難。

志願制的軍隊通常規模較小，訓練度更佳或具備更高的技術性，每個人的訓練成本也比較高。通常來說，募兵的簽約期間會比較長——三到五年不等——這意味著他們可以受到比較高度的訓練，並更好地融入軍隊當中。在所有其他條件相等的情況下，志願軍隊通常會有比較高的士氣與積極性，這可以讓他們更易於部署調動（或是當他們投入執行軍事行動時，更容易成功）。相對於此，徵兵軍隊的士氣會比較低，因為徵召兵無法選擇他們是否會被徵召，以及徵召後會被派去從事的任務。

志願制軍隊的規模——一般來說約為全國人口的千分之五——意味著大部分的公民，只有很少人有武裝部隊的經驗。當某個政治階級不具備軍事事務背景，這會形成一個常見的問題，因為他們可能無法完全理解如何使用致命武力來達成外交政策目標。

當經濟變壞的時候，志願軍人的招募會有很多人蜂擁而至，反之亦然。這尤其會增加從低社經階層中募集而來的士兵，且步兵部隊長期以來是來自於社會中最為貧困的階層。許多這些人在報名入伍後扭轉了他們的生活——獲得了教育、收入與社會地位，並使在軍中服役成為社會變革的重要管道。積極參與戰爭也會促進募兵。特別是年輕人，會受到冒險、同袍情誼，以及「自我表現」的機會所吸引。但當他們真正體驗到戰爭後，這種感覺往往會立刻改變。

除了徵兵軍隊與志願軍隊的區別外，你也應該留心全職軍人與後備軍人的差別。各國運用不同方式組織他們的後備軍人，但這些通常包含「主動」儲備——每年必須完成一定數量的訓練；與「被動」儲備——不過是一張列出了每一個國內曾經服過兵役，並在緊急狀態時可徵召人員的名單。

後備軍人提供了一種可以用更低廉的成本，來維持某些能力（比方說專業的工程或後勤技能）的選擇。它也讓你能從一般平民百姓中，徵召受過高度訓練的個人（比方說ＩＴ專家），這些人可能是很難吸引其加入成為職業軍人。最後，這種半軍半民方式在你控制的區域中，對於需聯繫（或提供）民事管理事務的民政事務單位來說，是一項相當明顯的優勢。

醜話說在前頭：後備軍人可能會讓你覺得自己的軍隊規模比實際狀況要大得多。但動員他們、讓他們的訓練跟上現今戰爭需求都得花費時間（標準的估計是約三個月），而且在排除無可避免的犯罪者或健康有問題者後，實際的可用人數總會比表定數字要來得少。假如你將關鍵戰鬥能力仰賴這些後備軍人（特別是後勤），那你必須了解到，這將會侷限你的部署能力。

最成功運用後備軍人的軍隊，或許是以色列國防軍了。所有年齡低於四十歲的以色列人，都具有預備役身分（只要他們服過兵役）。儘管如此，當豁免條款實施後，實際只有百分之二十五的人合乎服役資格。這些人大部分每年都會完成一個月的軍事訓練，而通常他們服役的單位，是跟現役時候同一個。這個模式為以色列創造了一個龐大、訓練有素的人力庫，在面臨軍事危機的時候，可以立即為之所用。

軍事訓練的哲學

在思考訓練你的部隊之前，你必須先深思你想要什麼類型的指揮結構。舉例來說，每個人是不是都該毫無疑問地盲目服從命令，即使他們鐵定會因此而死（因為這個特定命令是一個糟糕命令）？換句話說，一種高度階層化、專斷獨裁的結構。

或者，在另一個極端，你是否想要人們質疑命令、對權力者說真話，從而能做出來更好的決策？當部下在執行命令時，你想要給他們多少自由度？軍官的角色為何？士官如中士或下士，又是居於何種地位？這些問題在訓練計畫開始之前就需要先解決，因為它們構成了你軍隊將會如何運作的基本原則，從而決定你會如何訓練人員。

軍隊趨向於反映他們所屬的社會。最「民主」的軍隊來自於那些英語圈國家——英國、美國、加拿大、澳洲、紐西蘭——，以及其他歐洲小國如瑞典和荷蘭，他們傾向於使用一種名為「任務式指揮」（Mission Command）的授權式指揮體系。至於專制的軍隊——命令通常必須無條件服從、不容質疑，即使當它們會導致大量死傷也是如此——這往往源自專制社會。

任務式指揮的運作方式是把目標交代給屬下，但不指示如何去達成它。舉例來說，你的一個營長會命令他的連長去突襲一個敵軍據點，但這位連長必須自行擬訂計畫。這種指揮哲學（至少在理論上）——可以適用到最大的組織架構，也可以適用於八個人的小隊。有時，理論和實踐也許會產生偏離，因為指揮官往往希望詳細控制戰鬥與部屬，而且這種傾向會因為無所不在的現代通訊而益發惡化。

當任務式指揮順利運作的時候，它會令人驚訝於它的強大，因為它允許軍隊以分權的方式運作，讓各級指揮官感覺自己被賦權採取主動，讓他們能去完成高階長官交辦的任務。這意味著他們更有可能評估且承擔風險，這增加了對他們所負責戰場部分的承諾，同時也讓他們的獨裁敵人難以應付數以百計的細微決策與積極行動。如果你決定在你的軍隊中採用分權指揮理念，那你就必須從每個士兵職涯的開端就開始相關訓練，以便他們可以直覺地理解在何時何地應採取主動，何時何地又該堅守命令。

與指揮理念相關的問題是軍官（中尉、上尉、少校等）和從士兵晉升的士官（下士、中士、准尉等）的角色問題。

來自民主國度的專業志願制軍隊，在士兵與軍官階級之間，往往會擁有強力的士官階層。士官是你軍隊的中間管理者，因為他們服役時間比士兵和大部分軍官相對來得長，所以自然成了經驗的寶庫。在大多數西方的軍隊中，軍官應該被看成計畫與概念的產生者，將致命的武力與政治意圖連結起來，同時也是整體指揮與領導統御的提供者，而士官則更常被視為在小單位層級（如連和排）的計畫執行者與領導者。當它順利運作的時候，這種分工會形成指揮與控制非常強力的結合，至於其所帶來的積極主動就更不在話下了。

相反地，像北韓這種專制的徵兵制軍隊，通常缺少具備主動性的士官隊伍，且所有指揮層級的工作，都被看成單純地傳達來自於上級的命令。這會形成一支欠缺靈活性的軍隊，無法對應挫折或情勢的變化。

這兩種形式的優缺點，在烏克蘭戰爭中表露無遺。欠缺訓練的俄羅斯動員兵奉命展開正面衝鋒，這讓人聯想起第二次世界大戰，而非二十一世紀。另一方面，烏克蘭的軍隊則獲益於八年來在一個更分權的指揮結構下的訓練，能用更小的單位行動、掌握主動，從俄軍的側面與背面發動攻擊。結果，俄羅斯遭遇了極高的死傷，到本書寫作時為止，很有可能已經達到初始投入部隊的三分之一。

訓練個別士兵

基本訓練是訓練計畫的基石。雖然各軍種——陸、海、空軍——各有自己獨自的訓練計畫，但所有軍事基本訓練都是為了達成相同目的：提高個人技能，教導在小部隊中合作的能力，融入更廣大的軍事體系，以及某些基本軍事知識（通常會循序漸進）。在大部分專業化軍隊中，基本訓練要花上十到十四週。本節將聚焦在應該給予陸軍入伍新兵的訓練，但其中許多內容也通用於海軍與空軍。

訓練是為了讓個別士兵能融入成為一個團隊，並在近身戰鬥的震撼與殘酷中，仍能保持團隊運作，同時維持高昂的士氣。當個人與團隊兩天沒睡，或是有好幾個朋友受傷或死亡時，它也能讓他們本能地堅持下去。士兵終其職業生涯，應該要有百分之二十五的訓練在夜間進行——大部分軍隊都沒能達到這個數字——而這將會造就你在戰場上的明顯優勢。

你應該要圍繞兩個必須堅守的主要原則來設計你的訓練計畫：如果個人和團隊沒辦法照

料自己，他們就會自動變成其他人的負擔。而且，你的訓練越艱苦，你的士兵就會對戰鬥做好更充分的準備。我們在上一章曾經提到的彭英武元帥，針對這點如是說：「相信士兵會感激執行輕鬆簡單訓練的軍官，他們並不了解人性，也永遠不會成功培養出高昂的士氣。」一七〇〇年代的俄羅斯將軍亞歷山大．蘇沃洛夫（Alexander Suvorov），說得更簡潔有力：「訓練嚴厲，戰鬥容易」。

在將平民老百姓轉變成士兵的過程中，你要銘記在心的一點：許多入伍新兵並未受過良好教育，所以基本訓練是為了提升個別士兵的個人水準。體能狀態顯然很重要，但訓練也應該設計來提升自信與紀律、現實的勇氣以及自制力。自制力尤其為所有士兵在必須殺人時，能夠開啟和關閉的受控侵略性奠定了基礎。控制對敵人展現的侵略性，對於單個步兵士兵來說，和對於將軍來說一樣重要，將軍也在使用暴力進行溝通，儘管層次要高得多。

最後，基本訓練是強化道德勇氣與正直的起點——也就是做對的事——這在大多數專業軍隊中，都被認為是關鍵概念。你的軍隊必須離家背井，與可能採取道德模糊準則的敵人戰鬥，但你仍需要你的軍隊持續守法與正直地作為。許多軍隊在這方面失敗了，以致最後變得效率低下——犯下戰爭罪或駭人暴行，通常會阻礙實現外交政策目標。士兵任事正直也會促進彼此的信任，而這是團隊合作與高昂士氣的基礎。是故，在你的訓練計畫裡，務必要強調部隊的道德制高點。

你的訓練也必須要鼓勵極度完美的團隊合作，這是所有成功的軍隊必備的特質（且這和平民一般日常生活要求的團隊合作水準極其不同）。訓練從兩人一組的搭配合作開始，然後是四人小組，再來是八人小組，依此類推。這些團隊之後要被置於充滿挑戰的環境之中，迫使他們攜手合作，信任彼此，也依賴彼此。許多士兵都是在基本訓練中，結識了他們一生的好友。

在戰場上，相互信任與相互支持是至關重要的。舉例來說，一個士兵可以安穩睡著，是因為他知道站哨的同袍醒著，專心聆聽敵人的風吹草動。最終，如果訓練得當，這些團隊裡面的個人，應該都會把團隊（與任務）看得比自己更重要。這就是為什麼軍隊偏好行軍操練的原因之一——因為它在心理上會讓個人更為意識到其他人的存在，從而讓他們之間的合作行動更趨完美。

第三，基本訓練是一種標準化過程，以便於入伍新兵可以融入更為廣大的軍隊體系之中。這點尤其重要，因為它使大型軍隊具有靈活性，可以在短時間內與混亂狀況下集結個人、團隊與小單位，且期待他們能夠有效率地運作。這種標準化貫穿了部隊的各個方面——從語言（所有軍隊都有自己的內部語言、行話與幽默），到團隊與組織的構成方式，以及從標誌、旗幟和徽章，到以相同方式使用相同的軍事裝備——例如步槍。

最後，你的基本軍隊訓練應該要涵蓋一系列基本的軍事技能。這些技能包括步槍的使用與射擊技巧（如何準確射擊三百公尺外的目標）、地圖閱讀與導航、士兵隨身攜帶的全套工具與武器的使用方式，以及簡單的小部隊戰術——怎麼突擊攻打壕溝、怎麼機動到敵人陣地、怎麼使用步槍刺刀來近身作戰並殺死敵軍。（刺刀訓練也是賦予控制侵略性的關鍵部分之一，因為士兵在訓練中會先進入為了殺戮的亢奮情緒中，然後在訓練中又會再恢復平靜。）

即使一名士兵是遠離前線的專業人士，每個人都需要這種基礎訓練——在戰爭中，你永遠都不知道誰需要去到哪裡。這些技巧為更專業的訓練（如開砲或駕駛戰車）提供了基礎，但更重要的是，每個人都必須熟悉最基本也最殘酷的小部隊的作戰形式，因為衝突的轉捩點總是由一組步兵固守或攻下戰場上的關鍵據點（如橋梁或丘陵）而決定。

不只是步兵要接受這種基礎訓練，飛行員和水兵也要接受這種訓練，不過在強調重點上會有些微差異。所有軍事人員都必須和同袍協力，自動自發執行基本任務。如果他們辦不到這一點，那他們就會變成累贅，進一步阻礙部隊的效能。

專業人才訓練

你也必須針對武裝部隊的不同軍種，發展專門訓練。例如，空軍需要培訓飛行員、地勤人員及維修人員。海軍則需要工程官和武器官，而陸軍則要工兵和戰車乘員。所有三個軍種都必須要有情報專家和後勤人員。不同的專業領域所需要的訓練時數也不同——例如訓練一名噴射機飛行員可能要花上大約四年的時間。

訓練一個人花費的時間越長，他們就越難以取代，在戰場上也越可能變成你敵人的優先攻擊目標。在極端狀況下，一位將軍也許需要二十五年的訓練與經驗，才能成功管理複雜戰場上的作戰行動，這讓他們成為極具價值的目標。這點在俄烏戰爭中獲得驗證，烏克蘭成功鎖定並攻擊了眾多俄羅斯將軍，嚴重削弱了莫斯科協調軍隊的能力（我們將在第九章進一步探討如何進行這種鎖定攻擊）。

專業訓練的原則和基礎訓練大致相同：教導你的士兵、水兵與飛行員專業技能——比方說如何駕駛戰車——然後專注於在小團隊中與其他人一起發展這些技能——例如讓戰車駕駛、砲手與車長密切配合，有如一個有機體般運作。

以下舉出幾個專業訓練的例子，來告訴你培養某些現代戰場所需的專業能力有多困難，以及當這些訓練有素人員因為敵方行動而喪失時，會造成多麼嚴重的後果。

來看看一名步兵。即使一名入伍新兵完成基本訓練，仍然與派得上用場、完成戰備的步兵相差甚遠。你應該要計畫一套大約六個月的步兵課程，以使你的士兵符合所需標準——這是輕步兵的狀況，至於裝甲步兵則需要更進一步的訓練。這項課程應當包含步兵連級與營級的生存與戰鬥所需的無數戰術，如何在大部隊中進行協力攻擊，如何機動穿越戰場而不被殺害，如何有效且安全進行通訊，如何襲擊敵人固守的陣地，如何包抄敵人，如何以良好秩序撤退，以及如何保衛城鎮等。

所有這些戰術都需要具備判讀地形的能力——這指的是判讀小高地、隱藏的低地，以及其他地形地貌和水文特徵，還有它們會如何影響你和你的敵人。這是一門真正的步兵技藝，雖然需要好幾年時間才能完全純熟掌握，但基本道理還是必須在你的專業步兵訓練課程中加以教導。

此外，你還必須要訓練步兵使用除單純步槍外更廣泛的武器——所有輕步兵部隊都會使用到重機槍、迫擊砲，以及反戰車武器。你的士兵也要接受進階急救訓練，以及如何在野外長時間求生。最後，就像前面指出的，你的士兵需要從事大量的行軍與訓練，好讓他們在履行自己學到的步兵戰技時，能在心理上和同袍密切協作。

訓練你的戰車乘員也需要大概六個月時間。個別新兵將會被訓練成戰車駕駛、砲手或裝填手（至於戰車的第四位乘員——車長，則只會由已經有數年經驗，或是身為軍官的人來擔任）。駕駛、砲手或裝填手訓練將要花費課程中的六週時間，剩下的時間則拿來學習如何溝通，如何維護車輛、如何進行急救，以及在戰場上與其他戰車協同作戰的基本戰術。但就像步兵一樣，戰車乘員訓練的最重要結果，就是讓他們在酷熱、混亂且狹隘的戰鬥狀況下，本能地知道該如何跟其他乘員無縫合作。

對於更專業的部隊人員，訓練計畫的時間只會更長。我們就舉工兵為例，雖然可以用十週時間完成戰鬥工兵的基礎訓練——例如清除地雷、搭建橋梁、跨越水際障礙以及爆破——，但訓練金屬加工、建築測量，或是地圖繪製等專業都可能會需要花費一年時間。

假如你有意與使用不同語言的國家展開行動，那你就需要通曉多國語言的專才。端看對方語言跟你國家語言的差異程度，或許需要花費十八個月來訓練。特種部隊的訓練也許需要花費一年或十八個月。在陸軍中需要最長時間訓練課程的應該是直升機飛行員——這可能需要訓練約三年。這種簡單的數字，讓你的直升機飛行員成為戰場上的高價值目標。

在陸軍中，你的心態應該是武裝你的人員。但在海軍與空軍，你該思考的是怎麼操作你的裝備——海軍與空軍的裝備不管在規模還是大小上，比起陸軍都更大且更複雜。這將導致一個非常漫長的訓練流程來培育關鍵人員。

皇家海軍的首席作戰官（Principal Warfare Officer, PWO）的訓練——其將負責指揮一艘軍艦的作戰行動——，需要大約一年，這還不算他們的基本訓練、軍官訓練，以及好幾年的初級軍官的服勤經驗。他們必須知道如何指揮並操縱一艘船艦，專精各種海軍戰術，操作與指揮艦上的所有武器系統進行反潛與防空作戰行動，並且知道如何讓船艦作為艦隊一部分或是支援地面作戰。簡單說，這是一項非比尋常的複雜工作。

空軍戰鬥機飛行員必須先完成基本訓練與軍官訓練，然後是飛行理論課程以及用螺旋槳飛機進行的基本飛行訓練。接著他們要學怎麼駕駛噴射機、學習空戰技巧，然後進行第一線作戰飛機的訓練，並學習如何將武器與戰術用於戰略性任務或是支援地面部隊。這些訓練還要與針對飛行員的特有訓練交錯進行，比方說求生、躲避以及逃脫訓練，以便於他們知道自己若在敵方領土被擊落後應該怎麼做。

最後，你需要考慮那些承擔最重訓練（與經驗）負擔的人：你的指揮官。上尉——負責一個大約一百人的連——可能要花費九年升遷到這個階級。中校——指揮一個五百到一千人的營——也許需要花費十六年。准將——指揮一個大約五千人的旅，則需要花費大約二十四年來完成訓練，並獲得必需的經驗以有效地勝任職務（一般常見的法則，一個營有三個連、一個旅有三個營、一個師有三個旅，參見**圖2**）。

在大型戰爭中，這種經歷打造的時間表不可避免地會大大縮短。例如，第一次世界大戰期間，英軍一名在西線的軍官羅蘭．布拉德福（Roland Bradford），經過五年在正規軍的服役後升上了准將——但這顯然不是一件理想的規劃（他本人也在晉升之後不久便陣亡）。

編隊訓練

你會注意到，軍隊是一個由眾多單位共同組成的團隊。你已經了解在最低階層建立團隊

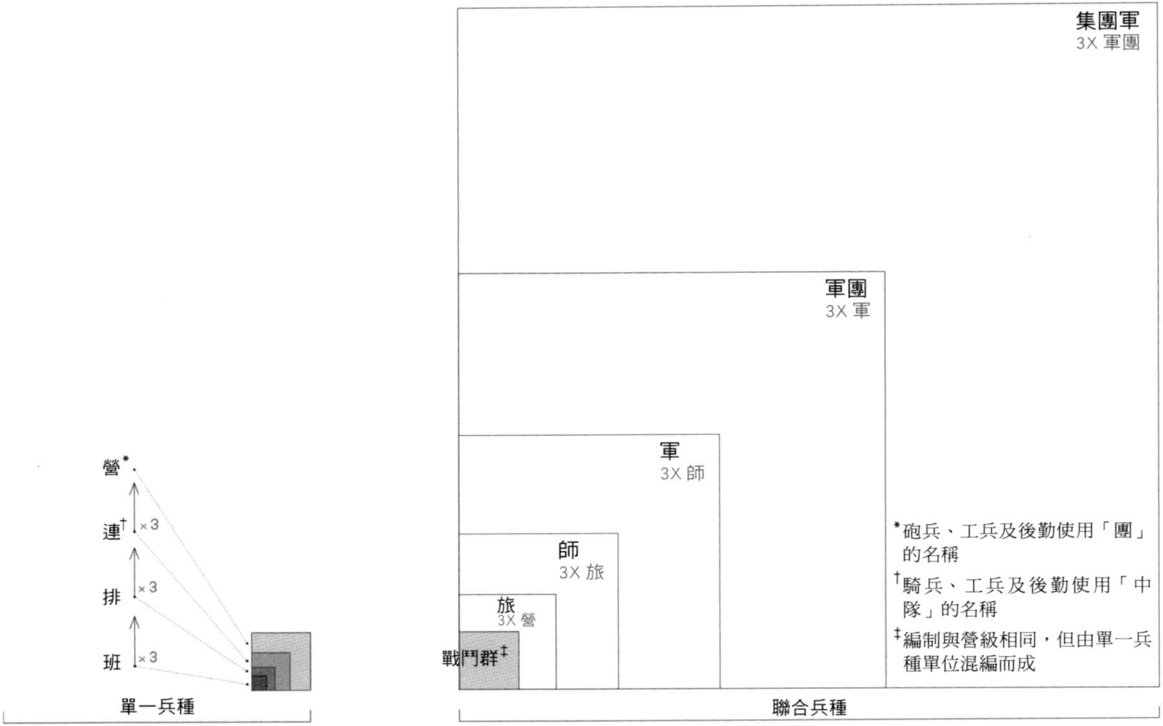

集團軍
3X 軍團
軍團
3X 軍
軍
3X 師
師
3X 旅
旅
3X 營
戰鬥群‡
營*
連†
排
班
×3
×3
×3
單一兵種
聯合兵種
*砲兵、工兵及後勤使用「團」的名稱
†騎兵、工兵及後勤使用「中隊」的名稱
‡編制與營級相同，但由單一兵種單位混編而成

圖 2　不同單位的規模

需要多長的時間。訓練大型地面部隊進行聯合作戰——這裡指的是旅（三千到五千人）、師（超過一萬人）與軍（超過三萬人），涉及步兵、戰車、砲兵與其他專長兵科的協同——是一種被稱為「戰力生成」的持續進程。當人們被調進、調離軍隊的不同單位，而又有其他人退役離開的時候，尤其是如此。

你必須投入充足的經費，讓你的軍隊能夠從事這種持續的訓練，特別是燃料與彈藥的成本（較高層級編組的戰力生成，常常是軍事預算刪減的首要對象，因為它實在太昂貴了）。如果沒有進行這種規模的訓練，指揮官與團隊將無法體驗到在這種層級的戰爭／戰鬥中所存在的碰撞——例如受限的後勤如何產生影響，通訊節點的喪失會造成多麼嚴重的結果，如何確實把航空力量與你的地面機動進行整合，或是砲兵、裝甲與步兵這三者之一若失能，會如何讓你軍隊失去平衡。凡此種種，都會讓軍隊變得非常脆弱。

在這個層級，戰爭等於一支需要指揮的交響樂團。如果沒有持續訓練，指揮官與部隊很容易會不知道自己該做什麼。能夠負擔此種大規模演習的國家很少：美軍和法軍仍然在進行，英軍則因為財政限制，已經有段時間沒有進行這種演練。最近幾年，俄羅斯似乎進行了這個層級的訓練，但是從他們在烏克蘭的拙劣表現來判斷，他們的訓練效率並不怎麼有效。

搞不好那些演習只是針對潛在敵手展示俄羅斯的能力，而不具有實際的價值。

這種所謂的「戰力生成」循環，應該要用兩、三年的時間開展。第一年的訓練應該要包含個人訓練與學習專業技能的課程，比方說如何導引飛機飛抵目標上空支援地面部隊。在第一年期間，你也應該要整合所有新裝備，訓練你的士兵熟悉它們，並消除短期的問題。

第二年則應該致力於逐步擴大訓練循環——從排開始，然後逐步是連、營層級的訓練。在最後階段，不同類型的軍事力量將會開始彼此整合，進行所謂的「聯合兵種訓練」。因此，營級的指揮官——如果它們是由不同專業所組成的聯合兵種單位，則稱為「戰鬥群」——將會學習如何協調步兵、戰車與砲兵，還有偵察單位一起作戰。其他的專業單位如工兵，也將會加入這個訓練。聯合兵種訓練是種從自己專科訓練到跨專業合作的重大轉變，而專業軍隊會花費很多時間來從事這種訓練。

超越戰鬥群層級，你的部隊需要以旅、師和軍層次進行訓練。在這些層級下，所有在你指揮下的作戰力量必須整合起來並一起訓練——尤其是只存在於旅級或者之上的後勤單位，還有直升機、特殊砲兵如火箭系統、航空與海軍支援，以及其他如網路作戰等新興作戰能力。

在這種層級進行訓練的另一個重要原因，是要讓你的總部幕僚學習如何指導這種規模的戰爭／作戰。他們將會形成「參謀軍官」團隊，負責為大部隊的指揮官提供學識和行政方面的支援——且他們也像戰場上的部隊一樣需要訓練與獲得經驗。

這種訓練形式極其昂貴，一次要花費數百萬英鎊。你需要一大塊演習區域——英國陸軍會使用加拿大的訓練區——必須運輸由數百輛車輛與數千人員組成的裝甲師到訓練地點。還需要加上後勤、燃料、彈藥與備品。然後你需要安排一支對抗部隊給他們「攻擊」，並且需要一個完整的基礎建設來運行長達三個月的演習，以盡可能接近你在現實戰鬥中可能會遭遇到的挑戰。

假如你的軍隊沒有進行過這種規模的訓練，那它就將無法運用這種規模進行部署。這意思是說，如果你有一個軍的規模的部隊與戰鬥力，但只曾進行旅級層級的訓練，那當你要將他們部署、展開行動時，你所部署的就不是一整個軍，而是九個不同的旅，而這些各自分離的旅會發現協同作戰是更為困難的事情。這在遭遇擁有一定作戰能力的敵人時，他們更容易被各個擊破並逐一摧毀。

多國聯軍的訓練

最後，你必須思考如何和盟友合作。許多現代戰爭都是以多國部隊所編組的聯盟形式展開作戰。之所以如此，有兩個主要理由：第一，在二十世紀期間，戰爭作為國家之間解決爭端方式已越來越不被接受。相對於過去，戰爭一直被認為是萬物自然秩序的一部分。因此，如果有好幾個國家並肩展開戰爭，在政治上就比較容易宣稱戰爭具備壓倒性的正當理由——比方說，推翻某個殘酷的獨裁者，或是摧毀恐怖主義集團的基礎設施。第二，創造一支能投入現代戰爭的軍隊，是一件極其耗時且昂貴的工作。如果你能和其他國家並肩作戰，就能分擔一些負擔。

這兩個理由通常互相作用，使得強權國家偏好在有盡可能眾多國家的政治支持下進行作戰。前者將會提供聯盟一個總體指揮結構，並處理大部分的後勤支援，特別是運輸戰爭物資到作戰區域。作為回報，出於自身利益決定參戰和提供強權國家政治支援的小國家，它們可以派出小批部隊加入更大的聯盟中。本質上，這是一種政治和後勤支援的交易。

雖然它們可以為你的戰爭帶來軍隊聯合與政治互助上的好處，但聯盟作戰並不適合膽怯的人。當各國軍隊並肩作戰時，會產生各式各樣的碰撞問題，因為每個國家的軍事文化都不相同。此外，部隊通常是被混進共同的指揮體系——也就是說，一個國家的軍隊，往往是處於其他國家軍隊的作戰指揮之下——並帶有政治上的限制，規定這些部隊可以做什麼和不能做什麼。

舉例來說，在阿富汗的三十六個北約國家的地面部隊共有超過一百條使用武力的政治限制——實際上相當於紅牌。這些限制範圍，從禁止夜間作戰到不能跨出首都喀布爾，甚至令人驚訝地不能參與戰鬥。這些限制的存在是因為，即使在聯軍之中，各成員國之間很可能並沒有共享相同的戰略利益，並且對戰爭的風險有不同的處理方式。

你可能會認為，實現你的外交政策和軍事目標的唯一方法，就是加入聯盟。如果是這樣，那你就必須提前好幾年進行準備。除了標準化你所有的裝備、彈藥與補給外，你還需要定期與聯盟成員展開共同訓練——其頻率與上面提到的戰力生成循環相同。某些聯軍——比方說北約，會設立多國總部。這些總部下有不同國家所派遣的單位，以便他們可以持續進行聯合訓練。你也必須要設法使你政治和經濟上的目標與盟友與其他國家一致，以消除在聯盟內使用軍事力量上的限制。

你現在已經思考過要如何以最佳的方法形成戰略、調度後勤、建立並維持士氣，以及訓練你的部隊。這些是讓你能夠投射軍事力量的四個基礎。在本書第二部，你將會學習到不同的軍事戰力——從陸、海、空到網路與核武——，以及它們的能力與侷限性。在第三部，你將學到如何讓所有這些元素——四個基礎，以及四種戰力——整合在一起，進而掌握如何使用暴力來達成你的目標的藝術。

第二部

有形戰力

Part 2

TANGIBLE CAPABILITIES

第五章　地面

在本書的第一部，你學到了戰爭的基礎因素：戰略、後勤、士氣與訓練。如果這四個因素無法正確執行，你就無法學會如何打仗，將你的部隊投入戰爭也會變得毫無意義。因為你會白白浪費他們還有你的非人力方面的資源。

第二部將會涵蓋不同的戰爭場域——軍隊通常會將它們稱為「領域」——戰爭就是在這些場域中進行的：包括陸地、海洋與天空／太空，資訊和網路領域，以及最後一個截然不同的範疇——核生化武器。

在這裡最重要的一課是陸地領域的首要性。無論人家怎麼和你說——會有大量的水兵、飛行員，以及（特別是）新技術的熱心傳道者會說服你接受相反的意見——陸地領域都是先於一切，因為戰爭的輸贏只會在地上決定。如果你在第二部中只能學到一課，那就將這點銘記在心。

陸地領域的首要性非常容易理解。人類生活在陸地上，而戰爭是一種人類現象，由最強烈的情感所驅動。試圖影響他們的現實是，縱觀歷史，戰爭的勝負始終取決於你的部隊控制別人的村莊、城鎮或城市，並手持劍、毛瑟槍或步槍，強行推行你的政令。

我們在第二部所將涵蓋的其他領域——海洋、天空與太空、網路與資訊，以及大規模毀滅性武器——，其存在都是為了支援地面領域和你的地面部隊。沒有它們，你將無法贏得戰爭，但你也不可能只單單依靠其他領域來贏得戰爭。

歷史上多次出現領導人決定——或是允許他們自己被說服——不需要地面部隊也能贏得戰爭的狀況，而誘使他們做出這種最終被證明為傲慢的決策，通常是因為有一些新穎但未經驗證的技術。

舉例來說，在一九二〇年代，當空中力量還是一種相對未經驗證的觀念時，因為轟炸比保有部隊低成本，所以英國便輕率地只使用空中力量去鎮壓其帝國內的叛亂者。一開始這種做法在索馬利蘭、伊拉克、巴勒斯坦與英屬印度西北部（今巴基斯坦）似乎頗為成功，但到了一九二〇年代末，這種所謂的「空中警力」就發現到不足之處：當遇到真正的抵抗或是複雜的政治問題時，總是需要派遣地面部隊介入。一九二〇年代的英國對伊拉克政策，在一九九〇年代美國／英國的對伊拉克政策上似曾相識。後者也試著經由建立禁航區與轟炸伊拉克目標來從空中控制伊拉克。這種做法極度不成功，最後這兩大強權在二〇〇三年還是決定派地面部隊入侵伊拉克。

類似情況，是發生在第三個千禧年開始的前幾十年，西方國家輕率地接受了一種觀念：戰爭可以在網路與資訊領域中獲勝——也就是通過電腦網路而非部署戰車來作戰。與一九二〇年代的空中力量如出一轍，網路與資訊領域的戰鬥，遠遠比維持和訓練裝甲師來得便宜許多。在承平時期，當領導人擬定軍事戰略時，成本是一種極具吸引力的驅動力，但這將導致本書引言所提到的關鍵謬誤，那就是把技術當成我們在戰爭中所有遭遇到問題的解決方案。

舉例來說，二〇二一年，英國發布了其定期國防評估之一，《整合性評估》（*Integrated Review*）。在這份評估中，值得注意的是相較於對網路戰、人工智慧、太空以及導能武器的新投資增加，對地面部隊的投資減少了。英國陸軍將減少兵力和裝甲車輛，包括戰車。當時的首相鮑里斯·強森出色地闡述上述謬論：「我們必須認知到，在歐洲大陸進行大規模戰車戰的舊觀念已經結束了，我們應該投資在其他更好的事物上。」然而僅僅三個多月之後的二〇二二年二月，俄羅斯就以二十萬由大量裝甲單位組成的大軍入侵烏克蘭。

我希望到這裡你已經接受地面戰役是關鍵性的部分。本章將會描述如何建立並部署你的地面部隊。內容將會涵蓋長期性的氣候、天氣、地形、地貌（一個地區自然和人工的實際特徵）、水文（水體），以及城鎮、城市等實用因素。然後它會考量到你可動用的不同類型地面部隊——它們的角色、優勢與劣勢。最後，本章將會展示如何將這些元素組合為越來越大的編組，以創造出一支軍隊。

氣候與天氣

戰爭在歷史上來看，是一種季節性的活動；它會在比較溫暖的夏季月份進行，因為此時食物比較容易獲得，地面乾燥且易於通行。羅馬人理想的戰爭季節是從三月中到十月中，跟今天在阿富汗的情況基本相同。

當勞動力短缺，需要人手從事農業工作的狀況下，作戰季節甚至會更進一步縮短為農耕與收穫之間的大約三到四個月。停止戰事以收割作物，然後再繼續作戰，這種狀況並不少見，但在世界上季節性沒有那麼明顯的區域（如熱帶），就較少出現這種顯著的關連。

現代軍隊則沒有這麼受限。除了非常少的例外，他們都會隨軍攜帶自己的糧食（可跨季度事先儲備），而非依賴占領區的資源而生。他們也得益於現代科技，能夠減輕天氣對於地面通行的影響。在阿富汗，北約軍隊幾乎不太受冬季影響，能夠全年作戰，但塔利班卻只能在夏季發動攻擊！

在某些狀況下，氣候過於嚴酷，即使是現代軍隊也沒辦法展開具規模的作戰。（特種部隊或突擊隊等專業部隊可以在各種氣候下作戰，但他們的訓練和裝備，只適用於執行有限的目標。）氣候作為限制性因素，最明顯的例子就是在入侵俄羅斯時。一八一二年，拿破崙甚至已經攻進了莫斯科，但他太晚出發了（六月出發），結果三分之二的士兵不是病死，就是凍死。

一百三十年後，希特勒也在六月將兵鋒指向俄羅斯。雖然這是史上最大規模的入侵——動用了三百八十萬部隊——但德軍的前進在十月的時候還是因為惡劣天氣而開始變慢。到了十二月，德國國防軍已經抵達莫斯科郊區——這是他們所能到達的最東點，在這個過程中已經損失了八十三萬人——但那時暴風雪已經開始。德軍對於俄羅斯的冬天準備不足，俄軍趁機發動成功的逆襲，而這也成為二戰中的重大轉捩點之一。

這個教訓相當明確：當你要發動一場地面戰役時，你必須總是思考季節問題。即使不會像這兩場戰役一樣被冬天所完全阻斷，但你仍然會發現，夏季相比於冬季，還是更容易調動你的部隊，尤其是運送你的補給品。在熱帶，你將傾向於在乾季而非雨季展開作戰：這不僅是為了機動性問題，也是為了將傳染病的影響最小化（在雨季，這是很普遍的現象）。你的車輛也會受到不同季節的影響。舉例來說，如果氣溫非常高，或是在高海拔地區作戰，甚或是兩者兼具，你的直升機作戰範圍將會因為空氣稀薄而明顯銳減。

一旦你決定要在哪個季節發動作戰，天氣的日常循環就會影響你的作戰方式。如果天氣多雲或下雨，大部分的衛星就沒辦法觀察到地面。在特別惡劣的條件下，甚至你的衛星通訊也會受到影響。在天氣多雲、雲底很低甚至籠罩大地的時候，飛機無法支援你的地面部隊，直升機也可能會停飛。一般來說，惡劣天氣相對防守者更為有利，因為地面很快就會轉變成泥淖。這些因素也許會促使你延遲作戰，直到天氣好轉。

月盈月虧也會影響到你的作戰規劃。你也許會希望使用夜幕來運送補給或發動攻擊，在這種時候，你會希望沒有月光。相反地，你也許會想要夜晚的掩護好處，但是同時希望有一定的月光，好讓你的部隊看得清他們在做什麼。對於兩棲作戰，潮汐狀況是關鍵所在——在高潮時分登陸，可以讓你的登陸艇更為接近海灘。但在低潮時分登陸，可以讓你清理那些暴露出來的障礙物。如果你正在策劃一場特別複雜的作戰，上述因素全都要列入考量。

在一九四四年D日的諾曼第登陸中，第一個條件就是他們必須在夏季執行作戰——這是因為當時的海象更可能較為平靜，而且破曉時分也夠早。第二，低潮時間必須在拂曉時分，因為這樣才能夠使德軍設置的防衛障礙物暴露出來。但潮汐又必須處於上漲狀態，使得登陸艇在卸下兵員後不會擱淺。最後，前一天晚上必須選在滿月的日子，以便於傘兵和滑翔機部隊的空降可以安全進行。這樣篩選之後，只剩下非常少數的日子合適。最終，因為一場暴風雨，所有的行動不得不推遲了二十四小時。

地勢：地形、水文與市區

就像氣候，當你思考地勢的時候，你必須從最大的、洲際大陸的規模開始，然後一路推演到最小的範圍。你得找尋一條從你通往敵人所在的路徑，通過這條路徑你可以讓你的部隊與補給——如我們在第二章所述——在任何季節中移動。這意味著我們必須首先考慮地形（山岳、谷地和平原），然後是水文（河川、湖泊和沼澤）。在某些狀況下，你還必須想到城鎮所在的區域。

在高山地帶，現代軍隊即使具備裝甲車輛與龐大後勤線，仍然受到與兩千年前的軍隊同樣、甚至更大的限制。在執行地面作戰時，山岳總是簡單粗暴的地理困局。

歐洲與俄羅斯西部的地形很好地驗證了這點（參見**圖3**）。在法國與德國間，有一條穿越低地國的主要路徑（避開阿爾卑斯山），而從德國到俄羅斯，則有另一條向東延伸的主要路徑（避開喀爾巴阡山）。後者又分成三條道路：穿過波羅的海諸國、穿過白俄羅斯，以及穿過烏克蘭。從古早時代開始，歐洲強權之間的戰爭就是在這些走廊上進行，從而對居住在這些地方的人民造成了很大的苦難。

接著來看看河流：當你沿著這些走廊前進時，你將會發現自己遭遇到河流地形特徵，包括通常由城鎮所盤據的渡口。沼澤地與溼地也會迫使你走在特定的路徑上——除了輕步兵外，這些地形對其他部隊都是要命的。

圖 3　西歐亞大陸的移動走廊地圖

以此為例，如果你決定走經由波羅的海國家連接德國與俄羅斯的北路，那麼波蘭的維斯杜拉河（Vistula River）就會是一個你必須跨越的主要障礙。這意味著你必須掌握住華沙、克拉科夫（Krakow）或比德哥什（Bydgoszcz）等城鎮的河流渡口（這也是這些城鎮一開始會被建立在這裡的原因之一）。如果你走穿越烏克蘭的南路，你就需要渡過聶伯河，這意味著你必須掌握基輔、聶伯城與札波羅熱等城鎮。

當說到河川與沼澤地時，現代科技比起在高山地帶上提供了更多的幫助。你的工兵也許可以架橋穿越較狹窄的河川，或是修路穿越沼澤地。雖然古代人也能造橋修路，但他們的速度無法像現代工兵般那麼快。現代工兵可以用車輛搭建臨時軍用橋梁，或是使用挖土機具建造堤壩。

可是，如果敵人在河川沿線設防，你就必須做好心理準備：要渡河到對面是件非常困難的事，尤其是你的敵人如果還能獲得砲兵或空中武力支援的話。相似的是，在沼澤地中，你的工兵也許可以建造或改良既有的道路，好讓你的後勤單位能夠通過，但如果你的戰車要一馬當先前進的話，它通常是派不上用場的。

現在來看看中國和俄羅斯之間的情況（參見**圖4**）。這兩個國家共享兩段綿延的邊界，

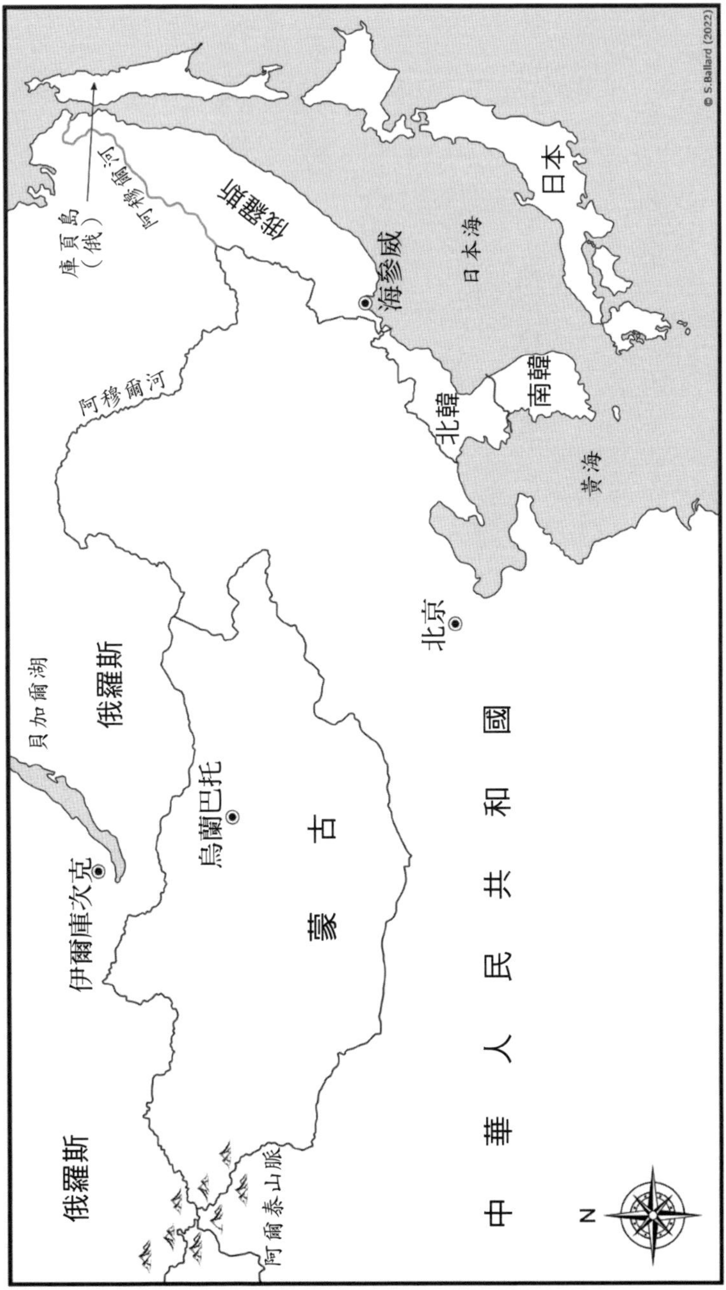
俄羅斯
貝加爾湖
俄羅斯
伊爾庫次克
烏蘭巴托
蒙古
阿爾泰山脈
中華人民共和國
北京
阿穆爾河
庫頁島（俄）
阿穆爾河
海參崴
日本海
日本
北韓
南韓
黃海
N
© S.Ballard (2022)

圖 4　中俄邊界地圖

中間被蒙古分開。比較短的西方邊界群山環繞，完全不適合大規模地面入侵，這使得穿越平坦平原的東段路徑成為更適合大規模部隊運輸的選擇。這條邊界本身有很大一部分是以黑龍江一線為界，所以任何入侵部隊，都必須先掌握幾個渡口。另外值得一提的是，從俄羅斯一路延伸到海參崴城的突出部土地。以軍事上來看，如果中國決定沿黑龍江，一路擴張邊界到太平洋的話，這座城市就會變得非常脆弱，而俄羅斯的庫頁島，也會處於相當危險的境地。

這些問題意味著我們除了控制敵方城鎮之外，通常別無選擇：不只是因為它們通常位在河流渡口或是山脈隘口，也是因為城鎮是權力的象徵，經濟的重心，以及政府行政的重要節點。

市區是極度易守難攻的地形，這是因為它們在三度空間上的複雜性——拔地而起的建築，以及由停車場、地鐵路線和地下室形式往下深深延伸的地下空間。這種三度空間的特性，為偵察（比方說在高樓建築中的迫擊砲或狙擊手觀測員），隱密的進軍路線（比方說地鐵路線），安全的補給儲存所（比方說地下停車場），保護部隊免受轟炸（比方說地下室），還有多方向伏擊（比方說試著穿越城鎮廣場）創造了無數的機會。

除了這種極端的複雜性以外，還有關於平民的問題：城鎮是人口非常密集的地區，當你的軍隊關心減少平民傷亡，那在城鎮中展開作戰將極端困難。反過來說，如果你的軍隊完全不在乎敵方平民死傷，那圍攻敵方城鎮也許可以解決你的「軍事」問題，但這也許會激起你的敵人在別處的狂熱抵抗，因為你向他們傳達了一個死路一條的訊息，所以他們可能會抵抗（甚至攻擊！）到死為止。

從這些簡單的例子中可以看出，氣候與地勢對於決定應於何時何地展開你的地面作戰時極度的重要：最後很有可能，你只能透過少數的可行路徑來推進你的軍事行動。

你陸軍中的不同類型部隊

就像你現在已經了解到的，你的軍隊需要依靠不同類型的部隊。在一支現代軍隊中，步兵作為適用於各種作戰類型的主體，無論是攻擊、防禦，以及除了總體戰以外的各種軍事行動，如綏靖作戰。

步兵通常可以分成三種型態：輕步兵、機械化步兵，以及裝甲步兵。輕步兵是傳統的步兵，靠腳行軍，幾千年來除了裝備和武器有所改變外，變化甚微。機械化步兵是一種高機動、乘著輕裝甲步兵戰車馳騁戰場的步兵。這些車輛可以確保坐在裡面的步兵免受大多數的攻擊，直到他們抵達需要的地方。裝甲步兵搭著防護性能良好的車輛橫越戰場，通常搭載了大口徑武器，且可以禁得起更猛烈的攻擊。

當推進或攻擊的時候，裝甲步兵或機械化步兵，加上戰車與砲兵的協同作戰，形成高度有效的三位一體組合。這三種戰鬥力量通常是以「聯合兵種」的形式組成，包括戰鬥群、旅級單位與師級單位。這是因為每一種戰鬥力量都有其強項與弱項，可是當它們在一位技巧嫻熟的指揮官底下整合起來時，這些弱點可以彼此抵消，就好像剪刀石頭布的遊戲原理一樣。接下來就讓我們依序看看每一種戰力。

只有步兵——不論什麼種類——可以突擊由敵人步兵掘壕固守的陣地（亦稱「掩體」）。只有步兵可以清除戰壕或突擊建築。同樣地，也只有步兵可以固守或防衛領土，如果有挖壕防守則效果更佳。

步兵的巨大優勢是，當步行的時候，他們可以在所有地形上作戰，包括城鎮環境。但步兵的巨大弱點也在這裡，一旦離開了他們的車輛，他們面對砲火、戰車或其他種類的攻擊時極為脆弱。他們通常配備射程約一公里的短程武器，例外狀況是那些配備反戰車（有時被稱為反裝甲）武器的步兵：這些飛彈可以在大約四公里的中距離射程摧毀裝甲車輛。

你還可以選擇培養一些專業化的步兵，他們接受特定任務的高度訓練——有時候被稱為突擊隊或特種部隊。這些部隊常常會因為有關他們的無畏行動的種種傳說，而引發社會大眾的想像。但事實上他們的數量很少、裝備輕便，並且只適合完成相當有限的偵察、破壞與暗殺任務（他們在這方面做得相當好）。他們不應該替代正規步兵，正規步兵仰賴更多的人數與更重型的裝備來完成範圍更廣泛的任務。

你的戰車——仍被稱為騎兵，源自於他們還在用馬匹而不是車輛的時候——有著非常好的裝甲防護，並且可以用他們的主砲摧毀三公里距離內的其他裝甲車輛。他們還可以殺死敵方步兵（前提是對方沒有反戰車武器，因為戰車對後者是高度脆弱），並靠著前進速度摧毀敵方砲兵。戰車能以高速縱橫戰場，前提是地形是起伏的田野——由田野、如灌木等輕植被而非樹木，與小型水道所構成。

戰車的重量使其無法在沼澤、溼地使用，山岳和寬廣河川也會阻止他們的行動。最後，它們在城鎮環境中進攻時特別脆弱，因為防守方可以在不被察覺的狀況下接近，將手榴彈和土製炸彈投向戰車，或者（更有效地）透過艙口投入戰車。

火砲構成三位一體中的第三個支柱。它可以在非常遠的距離上投射彈藥：「傳統的」榴彈砲射程約為十五公里，而某些現代火箭砲系統可達到五百公里。後者還可以具備GPS輔助功能，因此變得非常精準（傳統火砲是一種「廣域」兵器，將彈片散布於廣大的區域，而不是精準打擊）。

火砲可以跨越丘陵與其他障礙物開火，直接對敵人進行射擊，而敵人無法還手，除非他們也有相似射程的火砲（戰車和步兵，除了迫擊砲外，只能直接射擊他們看得見的敵人）。使用正確的彈藥，它可以有效對抗裝甲車輛：直接命中可以摧毀車輛，甚至即使是近距離的未命中彈也可以損害戰車的天線與其他敏感設備，讓它無法有效作戰。火砲分類還包含防空飛彈系統，其任務是擊落對你部隊發動攻擊的敵軍飛機與無人機。

火砲在對付沒有掘壕（也就是位在開闊地）的步兵，以及補給堆棧（它們通常會鋪展在一片無防備的廣大區域）上極度有效。不幸的是，它對一般民眾也會產生類似的效果。在第一次世界大戰期間有兩千萬軍民死亡，其中一千兩百萬是死於火砲。

可是，火砲在面對其他兵種攻擊時也極度脆弱，且相當依賴補給：你應該記得在後勤章節中提過，一個砲兵連很快就能打光一整個貨櫃的彈藥。

砲兵也是比戰車更加複雜的運作組織：要讓其有效率運作，你需要一個觀測團隊（雖然如今這通常都是由無人機完成），一個操作火砲的團隊，一個調查新砲陣地的團隊，以及一個負責後勤的團隊。任何一個團隊的損失都可能讓你的砲兵失去作用。火砲——除非它像戰車一樣配備履帶——否則行動只能侷限於道路之上。

從這些關於步兵、戰車與砲兵的簡短描述，你可以體悟到將它們組合在一起後，將會使你的指揮官能夠在武器射程、機動力、殺傷力（說白一點就是武器的殺敵能力）、全地形作戰能力，以及防禦能力間進行選擇。這個三合一組合的每一個部分，也能彌補另一個部分的弱點：步兵在近距離保護你的戰車與砲兵；戰車讓你能夠快速機動；火砲讓你能夠進行遠距離打擊；步兵讓你能夠防衛地面；戰車讓你能夠披堅執銳；火砲能夠阻斷敵方補給，並對你的進軍提供掩護，等等。

當你組建聯合作戰編組時，必須確保這三種類型的部隊之間有適當的平衡，否則，一旦敵人辨認出並利用你的弱點，你整個部隊都會面臨風險。步兵太少？他們會用反戰車飛彈攻擊你的戰車。戰車太少？他們會機動繞過你。火砲太少？你的部隊會被敵軍的火砲釘死，並被阻擋在一定距離的遠處。

一旦你在這三種戰力間取得平衡後，你就應該增加在你步兵、戰車與砲兵主力部隊當面前進的偵察部隊。他們的工作是發現敵人、評估敵方戰力，以及調查地形特徵或當地基礎設施。傳統的偵察部隊是騎馬行動，在二十世紀則是使用摩托車、四輪驅動車，或是輕型戰車。而今，偵察可能是由小型無人機完成（我們將會在下一章中討論到無人機）。這四種戰力——步兵、戰車、火砲與偵察，構成了你的戰鬥部隊。

這些戰鬥部隊由許多專業部隊進行支援，其中最重要的（僅次於後勤）是你的工兵。他們的責任是確保你可以在戰場上自由行動（稱為機動性），阻止敵人在戰場上移動（所謂的反機動），並在所需要位置建造防禦工事（稱為生存能力）。因為它們對你的戰鬥部隊如此重要，所以工兵通常會被編組至戰鬥群層級（營級）當中。

當確保你的戰場機動性時，工兵有好幾個任務要做。最低層次的任務，他們必須摧毀路上的障礙，幫助你的部隊可以順利移動——比方說在牆上挖洞、砍倒阻礙戰車的大樹，或是炸掉敵方障礙物如戰車陷阱。他們也必須建造或修復道路，並填平過於寬闊、車輛無法通行的壕溝（大部分軍隊都有裝甲拖拉機／挖掘機來從事這項工作）。你的工兵還必須清除敵方的雷區，這是個令人卻步的任務。

最重要的是，你的工兵必須知道如何建造堅固、能夠承受你的主戰戰車（約七十噸）重量的橋梁，並跨越各種不同寬度的水域地形。如果你尚未擁有架橋車，那你應該注入經費，這是一種背負在聯結車上的橋梁裝備，可以在幾分鐘之內從摺疊狀態展開，橫越較小的河流；或是平板組合式的橋梁套件，當遇到比較大的河流時，可以在幾小時內完成組裝。但請注意，這些造橋設備會變成敵方最優先的打擊目標之一，反之亦然。沒有這些裝備，你就無法讓你的軍隊渡過河流，而不得不攻取嚴密設防的城鎮區才能推進。

在反機動方面、也就是阻止你的敵軍移動時，情況就跟確保自己的機動性截然相反。你的工兵將被派去爆破橋梁，以阻止你的敵人渡過水域。在二〇二〇年亞美尼亞與亞塞拜然的戰爭中，亞美尼亞軍隊在撤退後炸毀了橋梁，從而讓自己能控制住撤退的步伐。

你的工兵也會被下令去摧毀道路和機場跑道，通常是在它們上面炸出大坑，並挖出寬廣的反戰車壕。這所有行動的目標要麼是阻止敵人前進，要麼是限制他們的選擇，從而迫使他們走你希望的路線進軍：這也許是穿過一座高度設防的城鎮，或者穿過一個你已占據高地並能用導引火砲向他們開火的區域。這被稱為導向：強迫你的敵人走進特定的路線，在那裡他們會遭到伏擊或攻擊。

最後，你的工兵也必須確保你的部隊存活性。他們得為指揮部建造碉堡、為部隊建造頂板掩蔽（保護他們免於火砲的危險），以及為你的補給點設置建築。他們也應該要知道如何建造欺敵的誘餌，如假建築與其他從空中看起來像補給點或總部的設施。當敵人攻擊這些誘餌，而不是真正的目標，就會是更加理想的狀況！

在戰鬥工兵方面，你必須為你的所有裝備配備工程兵與機械兵——你需要專業的車輛與發電機技工、專門的電氣工程兵，以及無數其他的專業人員，來保持你的軍隊順利運作。此外，當你的車輛無法在原地修復時，你的車輛技師必須將車輛拖回後方的車輛維修場——類似於道路救援服務的方式。

最後，你必須提供醫護服務來撤離並治療你的傷者，部署憲兵來管理你控制下區域的治安，以及作戰情報專家，用來訊問你的戰俘並分析敵人的行動與意圖。你也需要民政事務單位，來和你占領區域的民政部門進行互動（或是提供相關行政事務），還要軍墓勤務隊來辨認陣亡人員的遺體並將其撤離戰場。

這些「支援」服務跟你的戰鬥部隊有著同等重要性。沒有醫護服務，軍隊的士氣將會重挫。沒有憲兵，你後方區域的後勤將會遭到攻擊。沒有作戰情報專家，你對於敵人將採取行動的感知將非常薄弱。

就像你在訓練章節中所看到的那樣，所有這些戰力都必須整合起來，形成稱為戰鬥群、旅和師的聯合兵種編組（記得一個簡單的常見法則，一個戰鬥群有三個連、一個旅有三個戰鬥群、一個師有三個旅）。這些編組由強大且保密的通訊所支撐。

在現代軍隊中，所有通訊都必須加密；越是重要的資訊（一般來說，更高層級的），就會接受更高度的加密保護程度。在現代軍隊中，你不只是要傳送和接收語音對話——舉例來說，用無線電向一個連下達命令——還要在不同的指揮部、情報與監視設施與感測器，以及武器系統之間，分享大量的資訊與遙測數據。

這就是為什麼你需要開發一套類似於加密的無線網絡系統，它必須連接你所有的單位，通過無線電以及衛星網絡進行傳輸。請留意我在第一章中的警告：如果你和一個可以破解你加密網路的敵人作戰，你就必須不斷地改變你的密碼編碼、波段，以及其他通訊方法。還要更進一步強調的是：不要疏於維護你的通信安全，否則你的敵人對你的武裝部隊，將會了解得比你自己還多。

打造一支軍隊

身為領導人，你會遇到無數懇求者與遊說者，向你建議哪種戰力應該被納入你的軍隊當中。有些人會建議你需要更多的砲兵，另一些人則會建議你需要更多的戰車，或者是認為無人機或擴大特種部隊的規格，可以讓你捨棄現有的偵察部隊。你也會接收到許多有關如何組織軍隊的建議，尤其是預備役和職業軍人的比例，以及你是否應該將一部分的軍事業務外包給私人軍事公司（傭兵），或是你在正進行作戰的地方組建民兵。

我推薦當你思考這些互相衝突的意見時，始終要著眼於你將進行的戰爭類型及所要面對的敵人。假如你的潛在對手擁有數十萬的地面部隊，配備有數以千計的戰車，還有大量砲兵，那你就需要某種方法來擊敗這個威脅。如果他們只有簡單的空防能力，那就強化你的空中武力。如果他們的空防能力足夠，那你可能需要投資在長射程的遠距飛彈系統上。或者——事實是這種軍隊並不便宜——你需要讓自己的軍隊具備數十萬的戰車與大量砲兵。整個冷戰時期其實就是一場北約與華沙公約組織觀察彼此戰力，並發展反制手段的實踐。對你而言，情況並沒有什麼不同。

再次強調，你需要依據對你將必須從事的戰爭類型（而非想要進行的戰爭類型），以及可能面對的敵人進行可行性的評估，來衡量以上這種建議。事實上，預備役要花費不少時間才能準備好部署，且他們在帳面上看起來，總是遠比實際在作戰場域上來得更加規模龐大且能力強。如果你選擇將關鍵籌碼（比方說後勤單位）放在預備役上，那它也會同時削弱你的全志願役軍隊的部署能力。

傭兵和民兵的問題是，他們遠比你自己的部隊更難駕馭，也更加難以整合進你的整體軍事力量（他們往往是在特定區域裡執行特定的任務）。

緬甸軍隊在其國內與各種叛亂團體的糾纏戰鬥中廣泛使用民兵。這些被雇用的民兵毫無紀律，屢犯戰爭罪行，無法部署在自己家鄉之外的地區，且花費許多時間在牟取私利。這就是緬甸從一九四八年以來，一直兵連禍結的原因之一。

建造一支軍隊需要花費很多年的時間，因為設計和生產裝備，發展作戰準則與訓練部隊都需要時間。且就像這過程所呈現的，你必須努力維持部隊的平衡：每種戰力都有強項和弱項，所以你必須維持它們彼此間的適當比例，並以足夠的後勤與通信支援，讓你的部隊得以運作。因為發展你的部隊要花費如此長的時間，且軍隊反映了其所屬國家的內在文化，所以軍隊總是以它們不同的作戰方法與戰力而聞名——也就是他們的「作戰方式」。在本章的最後段落，我們就要來看看三種——西方、俄羅斯與中國——不同的作戰方式。

西方軍隊普遍因為擁有高度先進科技而聞名，某種程度上來說是用科技來彌補數量的不足。這反映了歐洲（以及後來的美國）社會，自從工業革命以來，始終處於在科技前緣的事實。它也呈現出這些社會無法接受自己國人的死傷。在二十世紀與邁入當代，最好的例子就是美國主宰的高科技先進空中武力，它可以在造成巨大破壞的同時，讓自身人員的風險暴露降到最低（無人飛機與無人機，進一步提升了這種能力）。

反映社會更具民主性質的另一個特徵是，西方軍隊更傾向用一種比較分權的指揮理念——任務式指揮（我們在第四章提過）來運作。在這種方法下，所屬指揮官被賦予要達成的任務，但並不告訴他們該如何達成，而是留給他們去進行主導。這種指揮理念反過來需要比較高教育程度與訓練的部隊——而這也是西方通常所具備的。

結合這兩種西方戰爭方式的特點——高科技程度與分權指揮——就創造出一種稱為「機動戰」的作戰能力。機動戰會避開敵人的主力，並毀滅重要——且通常是防衛薄弱的目標點——如指揮和控制中心。它的達成需要快速在戰場上調動部隊，在你需要的時候集中兵力，並在其他時候分散兵力。比起嘗試毀滅敵人的部隊，你應該試圖擾亂、迷惑你的敵人，使其恐懼——以此打擊他們的作戰意志與士氣。就某種意義上，這是消耗戰的反面。

俄羅斯軍隊在歷史上就以其大量訓練不足的徵召兵與大量砲兵支援而著稱，且直到現在依然如此。因此，俄軍通常會試著以消耗戰的形式作戰。他們會尋求消耗敵人、盡可能毀滅對方的部隊，而很少顧及己方或是平民百姓的死傷。

就像西方，俄羅斯作戰方式的特徵也反映其社會特性。俄羅斯是一個廣大、貧窮因而難以治理的國家。因此一支徵兵制的軍隊——通常徵召自社會中最貧窮的階級——可以解決某些對統治者的問題，因為它創造了一支大軍，可以強化中央政府。如果這些兵員在戰爭中戰死——冷酷地說——也意味著在貧窮、遙遠的鄉村地區，能參與叛亂的年輕人會少上許多。

對砲兵的重視可以回溯到俄羅斯崛起成為強權的時候。當時它獲得了加農砲的技術優勢，所以砲兵的使用在俄羅斯的軍事思維中，就和成功、力量與偉大緊密連結（非常相似於科技在西方作戰方式的地位）。這種和砲兵的心靈連結甚至演變成一種傳說：當瑞典在一七〇〇年擊敗俄羅斯並擄獲其所有的火砲後，沙皇彼得大帝命令全國每一座教堂捐出某一些他們的鐘，好重鑄成加農砲。

最近俄羅斯對烏克蘭的入侵，也是依循這種俄羅斯作戰的標準模式，使用大量砲兵來轟擊敵方陣地並摧毀城鎮（通常也包括仍然留在城鎮內的平民）。接著砲火猛攻之後，是訓練貧乏的大量步兵嘗試推進——他們通常會遭遇非常沉重的死傷。這和在第二次世界大戰期間所採用的戰術相當類似，當時俄羅斯的死傷是所有國家中最多的——根據某些數據認為超過了兩千萬人。

最後，中國軍隊（人民解放軍／PLA）則有著另一種特殊的作戰方式。這種作戰方式源自於他們在一九四〇年代推翻國民黨政府的革命軍隊歷史。就像你預料到的那樣，一個廣土眾民且直到最近仍然貧窮的國家，中國的作戰方式曾經是人力優先於科技。正如一支革命軍隊應有的做法一樣，中國人經常試圖將步兵縱隊推進到敵人的後方區域。然後這些縱隊會集結在一起，在局部地區對敵軍單位形成壓倒性的數量優勢，然後將敵人完全摧毀。

但是中國在二十一世紀作為在世界舞台崛起的強權，意味著中國軍隊正在進化：中國現在正尋求建立一支能因應短期、決定性且高科技戰爭的軍隊，非常類似西方總是試圖追求的目標。這部分反映了中國認知到他們的主要競爭對手是美國，而美國正是重視科技作戰方式的典範（而且訓練不足的大規模步兵在面對高科技軍隊時從來都表現不佳）。這同時也反映了中國社會正在改變的事實，變得更富裕，且技術滲透率逐漸提高。

最後，有一個較少被重視的次要因素，那就是一胎化政策的影響。有許多中國家庭只有一個兒子，而因為一胎化政策的推行時期，這些兒子許多現在都正處兵役年齡。這個事實讓中國現在對高死傷率抱持謹慎態度。如果許多家庭喪失了自己的獨子，會對社會產生不穩定的影響。

這些改變的結果是，中國正在投資高端科技，例如極音速飛彈、人工智慧、航空母艦與無人機群。但就像你現在所知道的，雖然在有效地使用軍事力量來改變敵人想法時，科技是必不可少的，但僅靠科技是不夠的。且因為中國自從一九七九年的中越戰爭以來，從來沒有參與任何大規模的衝突，因此並不清楚中國是否可以讓其軍事力量轉型，成為強調科技而非人力的軍隊。老實說，擁有航空母艦固然好，但理解如何使用它卻是完全的另一回事。中國在使用軍事力量上能否駕馭這種變革，在接下來三十年中將是世界地緣政治的關鍵問題之一。

從以上對不同作戰方式的簡短討論中，你應該會學到兩個教訓：第一，改變你的軍隊建構方式以及軍事力量的使用方式是件極度複雜的任務。第二，軍隊的作戰方式，會明顯影響到它能夠從事的戰爭類型。如果你的軍隊仰賴大量的徵召步兵（像是俄羅斯軍隊），那就不要試著打短期的決定性戰役。你的部隊訓練程度不夠高，也缺乏主動性來達成你的目標。同樣地，如果你的社會厭惡死傷，那你就必須避免打一場時間漫長、拖延且血腥的戰爭。

以上是對地面部隊，也就是你軍隊決定性部分的結構與能力所做的簡短概觀。在接下來的章節中，我們將會討論那些支援地面部隊的軍事力量因素。首先是海上、空中與太空武力，然後是網路戰與資訊戰。

第六章　海上、空中與太空

自古早時代以來，地面上的軍事力量就受到海洋力量的支援。在最近一百年裡，地面部隊又受到空中力量的支援。到了最近五十年，這三個領域——地面、空中與海洋，又全都會受到超越地球大氣層的軍事活動所支持。在這章裡，我們就要來探索軍事力量的這三個面向。

直到現在，我們都聚焦在人力——其訓練、士氣以及運作組織——作為軍事力量的關鍵決定因素。儘管裝備依然重要，不過相對於人員因素的壓倒性重要性，在某種程度上仍居於次要地位。在陸地作戰環境中，你會尋求為你的士兵提供裝備。但在海洋與空中領域（尤其在太空），你則會尋求操作裝備的人員。

之所以會如此，最主要的理由是海上與空中武力的裝備極度昂貴：單項裝備的報價可能就高達數十億美金。發展空中與海洋力量需要設計、生產處於科技前緣的裝備，因此只有很少數國家掏得出錢包來維持在海洋、空中，特別是在太空成功打造軍事力量。

這裡要提出一個警告：雖然在海洋與空中，我們確實傾向將重點置於科技更勝人力，但你必須記得，戰爭仍然是關於人，以及人的心理。作為你軍力的指揮官，你會很自然地依據裝備來檢視你的海洋與空中武力——你損失了多少船、又擊落了多少敵人飛機。但就像所有戰爭一樣，你要的是尋求改變敵方的想法。戰爭不是一張試算表，它是一種對話。

所以你該問的問題不是你能毀掉多少敵方船隻或飛機。相反地，你應該決定你希望怎樣影響敵方的心理，以及應該在海洋、空中與太空領域執行哪一種軍事活動，才能達成這種渴望獲得的衝擊效果（當然，這也常會包含摧毀敵人船隻與飛機，但並非總是如此）。這種差異雖然微妙但卻很重要，且這三個戰爭領域中的每一個會產生不同類型的支援，以實現終極的政治目標——擊敗你的敵人。即使在網路戰中，這個聚焦在敵人心理狀態而非技術的概念仍然適用。

在這一章中，我們將會首先探討你該如何妥善部署軍事力量在海洋、空中與太空，以支援你的地面作戰，並改變敵人的心智。

海上力量

人類自西元前八百年到西元前一百五十年的地中海控制權爭奪起，就已經著手建造海上的軍事力量。在那之前雖然已經有某些在河流上的「水軍」，但這實際上是第一次發展海軍以角逐海洋空間。這個時期的高潮是羅馬於布匿戰爭後贏得地中海的主導地位。在這個時期形成了兩個主題，至今持續形塑著如何在海上使用軍事力量。

第一個主題是，在任何時期，支配全球的強權都控制著已知世界的海洋空間。羅馬成功君臨了地中海與其他附近海域，例如英倫諸島的周邊海洋。在羅馬霸權終結後的一千年左右，葡萄牙、接著是西班牙、荷蘭、英國，建立了一系列準全球或全球性的帝國，這些國家都是仰賴對海洋的支配。自二十世紀以來，這個角色由美國來扮演。

支配強權控制海洋在實際層面上是顯而易見的——它讓你能夠將士兵和軍事補給運輸到全球需要它們的地方。在這個基本層面上，支配海洋對你用軍事力量控制陸地大有裨益。但這會引導我們進入第二個主題：控制海洋，總是被用來促進自由貿易的通行。偉大的全球帝國本質上是貿易帝國，而這要求要有制海權以運輸貨物與人員。

貿易與海軍是密不可分的：透過貿易累積或誕生的財富，讓海洋力量得以投射出去。同樣地，海洋力量透過從敵對強權或海盜手中確保航線自由通行，也讓貿易得以流通。在距離海岸十二海里的領海範圍以外，任何國家的法律都不適用，且「公海」只受到國際法微弱的管轄。

對於海洋——也許是人類所能獲得的最大公共資源——缺乏正式控制，導致必須維持治安，使得船隻能自由通行（也就是所謂的自由航行）。這個角色總是由當時首要的軍事強權來負責，主要因為這符合他們的利益，且這對每個人都有正面好處。這點極為重要：因為百分之八十的全球貿易都是透過海洋運行。

分析世界海洋空間控制的最簡單辦法，就是看誰掌控或主導全球海洋咽喉點（參見**圖5**）。這些是全球航運地圖上的八個關鍵點，對於確保世界貿易自由通行至關重要。某一些對於單一商品很關鍵：介於阿拉伯聯合大公國與伊朗之間的荷姆茲海峽，擔負世界百分之三十的石油，博斯普魯斯海峽，則擔負世界百分之二十五的小麥出口（以及百分之三的石

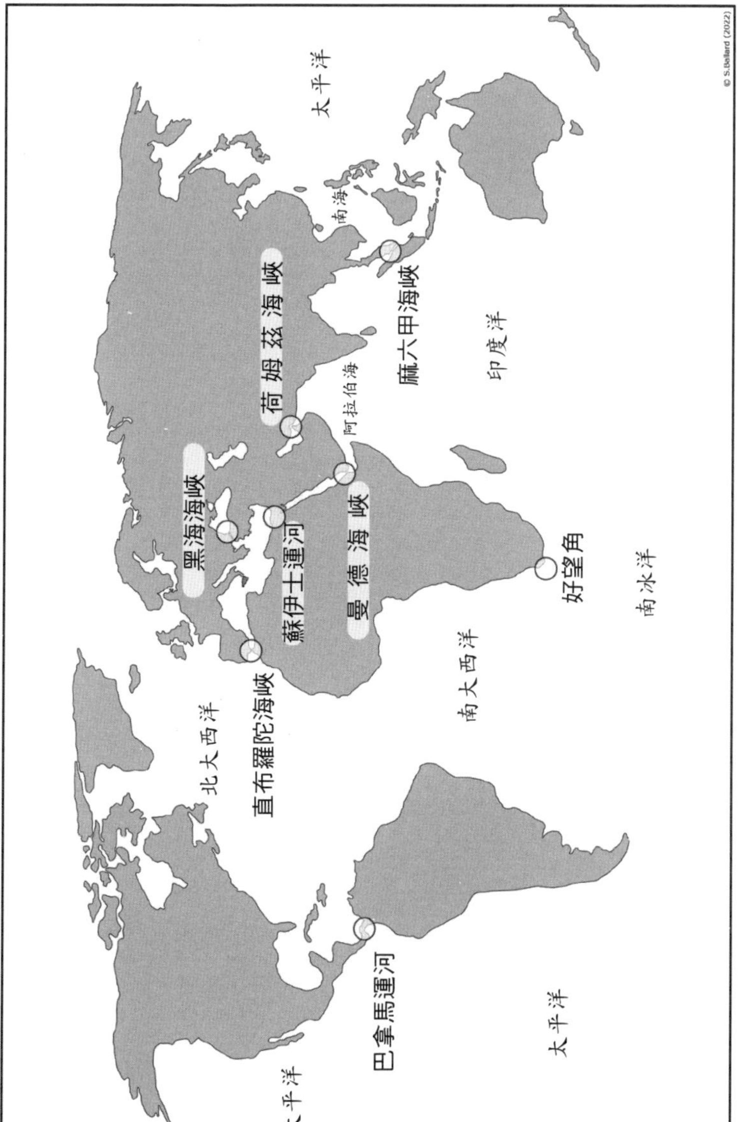
太平洋
南海
荷姆茲海峽
麻六甲海峽
阿拉伯海
印度洋
黑海海峽
蘇伊士運河
曼德海峽
好望角
南冰洋
南大西洋
北大西洋
直布羅陀海峽
巴拿馬運河
太平洋
太平洋
© S.Ballard (2022)

圖 5　全球海上咽喉點

油）。其他則是連結地區的關鍵：麻六甲海峽擔負了行經歐亞大陸東西兩端（歐洲與中東到中國）百分之二十五的全球貿易，巴拿馬運河則連結了美洲東、西海岸，以及太平洋與大西洋。

當你思考你的作戰計畫時，誰控制了全球海洋空間是一個關鍵因素。你是否依靠這些海洋咽喉點的任何一個嗎？若是如此，那誰現在控制著它們？這個強權——這個國家必定是強權——是否和你聯盟，或至少同意你的貿易船隻（維持你的經濟繼續運作）與軍事船艦（補給你的部隊）持續通過這個咽喉點嗎？如果不行，請回想關於後勤的章節——你的國家可以在貿易制裁甚或封鎖下存活嗎？

接下來，當你想要打造你的海軍力量時，你應當決定你希望以何種規模投射你的海軍力量。棕水海軍是最便宜的選擇，目標是用小型砲艇和巡邏艇，防衛你的河流與湖泊。但棕水海軍不過是一種控制內陸水域的警察力量，或是在與其他國家的河流邊界作為邊境的執法力量。寮國、巴拉圭與中非共和國都有小型的棕水海軍，由少數配有機關槍的巡邏艇所構成。

綠水海軍的目標是控制與巡邏國家的沿岸地帶，有時也可以投射力量到鄰近地區的近海與海洋。大部分的沿海國家都有某種形式的綠水海軍，好讓他們能防衛海岸線、阻止非法捕魚和資源盜掘，並投射力量到每個沿海國家基於國際法所享有的兩百海里的經濟海域（Exclusive Economic Zone, EEZ）。綠水海軍的關鍵特徵（與真正的全球性藍水海軍不同），是他們有賴於母國提供補給，以及可能的空中掩護。

綠水海軍中的最頂級者通常會擁有能夠從海洋部署部隊到陸地的兩棲登陸艦、直升機（在少數狀況下為定翼機）母艦，以及執行任務的驅逐艦和巡防艦的混編艦隊。現在綠水海軍的範例——國家的海軍力量可能會隨經濟盛衰而增減——包括巴西、澳洲與印度。舉例來說，澳洲擁有直升機母艦和登陸艦，配上潛艦與巡防艦，讓坎培拉可以向太平洋投射力量。

能夠在臨時告知的情況下，自給自足地進行為期不確定的全球性作戰的最大規模海軍被稱為藍水海軍。現在唯一毫無爭議的藍水海軍是美國海軍。美國海軍擁有將近五百艘船隻，包括十一艘航空母艦、七十八艘潛艦、七十二艘驅逐艦、二十二艘巡洋艦，以及其他多種戰力，包括發動大規模兩棲作戰在內。它可以在地球上的任何地點，發動並持續無限期的海洋作戰。傳統上還有另外三支藍水海軍：英國皇家海軍（約七十三艘船）、法國海軍（約一百艘船），但它們現在規模都太小，以至於不能進行持續性的全球性作戰。另外就是俄羅斯海軍，但它遭到貪汙腐敗、管理無方與維修不當的嚴重破壞，所以現在很大程度上無法發揮效用。

雖然中國海軍近年來在噸位上日益增長，但它尚未展示自身已具備了執行全球軍事行動的能力。此外，他們的許多船隻都是新建的，而訓練人員學會如何在戰時使用這些新戰力，都需要很長的時間。簡單說，解放軍海軍的狀況與解放軍相似——它們最近歷經了一段高速成長期，獲得了大量新裝備，但還沒有在實戰中驗證過。打仗就和其他事情一樣，通過實戰你往往就可以變得更好。經常從事作戰的軍隊通常會更為善戰，即使只是因為它們在這上面花了更多的時間來達成。

假如你計畫——並且付得起錢來建立——一支藍水海軍，那你就必須思考你所需要的戰力平衡。這取決於你想要海軍執行的可能任務，以及預期會面對的敵人。在二十世紀後半，許多大型海軍選擇擁有可以起降快速噴射機的大型航空母艦。航空母艦讓你能夠投射軍力到全球的任何地方，因為飛機既可以攻擊敵軍船隻（這種狀況非常稀少，最近一次是美國海軍在一九八〇年代兩伊戰爭期間，擊沉一艘伊朗船隻），也可以攻擊地面上的敵軍目標（這就非常常見，也許這個月在世界的某個角落就會發生）。

航空母艦極其昂貴。其成本不只是航艦本身（最大型的航艦價格約為美金一百三十億元），還包括上面搭載的飛機（每架約一億美金），而由於它們的脆弱性，每艘航艦又要有護衛艦隊來保護它以免於遭到敵人的攻擊。綜合來說，這種「航艦戰鬥群」（很有可能也包括潛艦）需要多少船艦，具備實施反潛作戰、防空作戰（包括反飛彈防衛），以及反艦作戰的綜合能力。

許多國家的海軍已經發現，航艦帶來的威望與戰力，最終會侵蝕其整支海軍，因為所有其他船艦最終都會被納入到護衛航艦的任務中。除此之外，還有一個現在昭然若揭的問題：航艦（以及其他大型船艦）是否能成功防禦越來越先進、以數倍音速飛行的飛彈（也就是所謂「極音速飛彈」）、成群的小型無人機，或是微型船隻與微型潛艇（底下會討論）的編隊。這點在英國國防部中持續在辯論著。在無人機與極音速飛彈開始發揮作用的這個時候，它卻讓兩艘大型航艦投入服役。

撇除航艦，水面船隻傳統可以分成兩個大分類，它們的名稱會隨著時代而有所改變。第一個類型是比較小、速度較快、較為輕型的武裝船隻，用於攔截和巡邏海上航路，並保持航道的暢通——現在它們大致被稱為巡防艦或驅逐艦。第二個類型是較大、速度較慢、較為重型的武裝船隻，用於對抗敵方船艦或是進行岸轟——現在它們大致被稱為巡洋艦。大部分水面艦艇也是具有強大能力的防空載台，可以提供數百平方英里的防空距離，包括陸地在內。

到了二十一世紀，隨著動力科技的進步及艦砲被飛彈所取代，這兩種類型海軍艦艇的差異變得日益模糊，且許多海軍只有一種類型的水面戰鬥艦艇。當你決定想要哪種類型的水面戰鬥艦艇時，應該要考慮你需要的戰力。你想要執行岸轟？攻擊敵船？防衛敵人飛機？或是攻擊敵方潛艦？這都會幫助你建造你所需的水面艦隊。

規模較大的海軍可以執行兩棲作戰——意指從船上直接部署地面部隊到沿岸地區（通常是海灘）。反兩棲作戰也許是最複雜的軍事行動，因為必須以夠快速度調集足夠的部隊到海岸，然後還要持續對他們進行補給。要進行兩棲作戰，你必須在一塊相當集中的土地上，協調一場複雜的陸、海、空作戰，同時也要襲擊深入敵人內陸領土的目標，以阻止他們強化兵力並把你趕下海。這是很難做得好的任務。

假如你仍然決定你要具備執行兩棲作戰的能力，那你就必須取得並訓練兩棲登陸艇（可以將部隊放上海灘）、兩棲補給艦（保持部隊得到補給），可能還有直升機母艦（這是另一種將你部隊從海上運到陸地上的快捷方法，並防衛那些已經在那裡的部隊）。你也需要思考如何從空中防護你的兩棲作戰，所以你會需要一艘航空母艦，或是具備防空能力的艦艇。

如果你可以達成這點——事實上沒有幾支海軍可以做到——，你將會擁有一個強大的心理武器，可以用來威嚇潛在的敵人，或至少牽制他們大量的地面部隊在防衛海岸，以對抗你的兩棲攻擊威脅。現在只有美國——它的海軍陸戰隊——擁有執行一場中等規模兩棲作戰所需的深度與廣度戰力，能夠對應對手的大規模抵抗。

中國海軍已經建造了一支龐大的兩棲戰力——推測是為了在某個時間點收復台灣。但他們有辦法在台灣與其盟友美國的對抗下，執行一場跨越一百英里海域的兩棲作戰嗎？我會密切關注美國（以及澳洲、英國）的攻擊型潛艦，還有台灣現在正在建造的潛艦艦隊——這將會使這個島國與其盟友能在中國兩棲艦艇抵達台灣前就將之擊沉。

潛艦一開始是設計用來於隱蔽狀態下擊沉敵艦，但這個角色現在漸漸被削減。自二戰以來，只有兩艘船隻是被潛艦擊沉的：一艘阿根廷巡洋艦在一九八二年福克蘭戰爭期間被英國擊沉，以及一艘印度軍艦在一九七一年的印巴戰爭被巴基斯坦擊沉。

現在，潛艦主要扮演的角色是通過其威脅及對水面船隻所產生的心理恐懼：潛艦經常被使用於在任務編組或航艦戰鬥群的前頭的某個海域中，擔任掩護工作，就像步兵走在前頭掩護戰車一樣，從而在這個海域排除敵人。如果敵人擁有核動力潛艦的話，這種恐懼會益發強烈。核動力潛艦使用小型核反應爐來驅動潛艦，並供給整體系統動力（包括製造水和空氣）。這意味著它可以一次潛航長達好幾個月，只有補給食物和維修的時候才需要浮上水面。

不過在現代海軍中，潛艦最有可能被當成一種平台，躲在敵方海岸觀察不到的地方，然後發射飛彈（或者偶爾派出特種部隊）。它也可以做為高度專業的偵察與監視平台，以監視敵方的海岸線，跟蹤、監聽敵方軍事裝備如艦艇與飛機的動靜。某些國家正在發展無人潛艦，特別適合扮演偵蒐的角色。

潛艦也參與到保衛或者（以及）滲透構成網路骨幹的大型海底光纖電纜，這些光纖電纜承載了百分之九十五的全球通訊。高度重視通訊安全——你的資料會通過哪些海底電纜傳輸，是否有任何敵人試圖接近這些纜線？最近對北海與蘇格蘭周邊地區的大量油管與海底電纜攻擊事件——非常有可能是俄羅斯所為——展示了這種威脅的重要性。

最後，潛艦也被認為是最有可能在核戰中存活下來的平台，所以有好幾個國家使用潛艦來搭載他們的核嚇阻力量。我們將會在第八章中更進一步討論這個部分。

海軍需要花費很長時間建立，所以你現在對於海軍規模所做出的決策，將會影響你的國家今後五十年。如果你渴望建立一支藍水海軍，這意味著你需要具備上述的所有戰力，包括一艘（或多艘）航艦以及兩棲作戰戰力。你也會需要一支後勤艦隊來補給你的海軍艦隊（事實上數量可能比作戰艦艇還多一倍）。最後，你的海軍必須有足夠的規模，即使當你的艦船有三分之一在維修或升級改裝時（這一般被認為是正常的維修／部署規劃），也能夠持續進行全球作戰。全球性的藍水海軍可不是膽小鬼的玩意兒！

假如你的國家無法承擔這種費用，並滿足於建立一支綠水海軍，那你將會有更多的（而且成本較低的）選項。假如你只想要攻擊地面目標以支援你的陸軍，那麼一支配備精密飛彈武裝的水面戰鬥艦隊就足夠了。如果你的目標是要隱密偵察，並封鎖海域使敵人船隻無法通行，那潛艦將會是很好的方法。如果防衛你的海岸線是優先事項，那一支由小型快速砲艇組成的大規模艦隊可能很適合。如果你需要具備攔截敵人軍事補給船艦的能力，那潛艦、水面戰鬥艦或飛機也許都很適合。你要記得的是，當你的敵人擁有一支強大的水面艦隊與潛艦，或具備有效的海軍航空兵力時，這些成本都會開始急遽上升。

在不久的將來，許多海軍都會選擇擁有大量的小型船艦。這得益於電腦科技的進步（先前不可能發展出這樣的小型高效船隻），且它們可以提供一種避免像航艦這種非常大型、昂貴的船隻的潛在脆弱性。這種技術趨勢朝向更多、更小平台的發展，讓某些國家開始發展由小型無人水面或水下載具組成一大群的船隊。就像在軍事世界裡屢見不鮮的那樣，這種趨勢也迫使競爭對手的軍隊開始發展可以反制這類威脅的戰力。

你獲得的戰力應當始終以你可能的敵人，以及你同時將面對的威脅為基礎，特別是你希望給予他們的心理影響。擊沉他們的艦艇是否會讓他們剩下的海軍感到恐懼？封鎖他們的港口，能否造成糧食短缺與暴動？你是否希望展示你可以支配這片海域，並限制對方的航行？你是否會使用飛彈來摧毀敵方的通訊網？選項是無窮無盡的，但因為建造船隻的時間差，所以你必須從現在就開始思考幾十年後，你打算怎樣運用你的海軍。

空中力量

空中力量有個關鍵優勢：如果你擁有制空權，而你的敵人沒有，那他們的地面部隊將無法有效運作，因為你可以鎖定並摧毀這些地面部隊的重要部分。

如果你控制了天空——這裡我指的不只是沒有敵方飛機，還包括他們的防空系統也已被摧毀——你就可以不費吹灰之力地摧毀敵方的後勤系統、通信系統或指揮部。就像你知道的，這將終結他們做為一支軍隊作戰的能力。正因為這些原因，大部分軍隊都尋求在戰爭的早期階段掌握制空權，因為這讓他們可以不受限地偵察、襲擊敵人目標，並在戰區中任意行動。

空中力量的缺點在於它要花費難以置信的經費，因此除非你是世界上最有錢的幾個國家之一，否則飛機與直升機總是會供不應求。訓練一名CH－47契努克直升機的飛行員需要至少三年的時間。一架B－2匿蹤轟炸機的造價成本是二十一億美金，每小時運作的成本是十三萬五千美金：稀缺性與高成本決定了你如何使用空中力量。最要注意的是避免使飛機或飛行員陷入險境，且飛機、機組員，還有如機場、雷達等航空基礎建設，都是優先等級最高的目標。就像我們先前已經提及的，空中力量的侷限性在於它不能單靠自己贏得戰爭——你終究需要地面部隊來達成所謂「決定性」的結果。

空中力量絕大多數是用於偵察，即發現敵人所在及其所採取的行動；然後投送火力，亦即投擲炸彈和飛彈來攻擊你的敵人。在最近二十五年，一些軍隊也發展無人機來執行這兩種任務。在運輸輕型物資，包括人員到戰場或周邊地區，飛機與直升機也可以扮演輔助角色。

空中力量只有在非常罕見的狀況下，會和敵方飛機或直升機展開空中纏鬥。這種情況在二戰以來只有發生少數幾次，主要是在韓戰與福克蘭戰爭中。在過去三十年間，幾乎沒有發生過這種情況，主要原因是高度先進國家的飛機會使用匿蹤技術以避開敵方雷達，並配合其他技術，從非常遠距離的地方攻擊他們的目標。缺少這種技術的國家若要和先進國家作戰，則常會發現他們的飛機在地面上就已經被摧毀。最近幾十年間非常少數的空對空擊殺，都是發生在低科技國家與其他低科技國家的戰鬥中。

傳統上來說，飛機在蒐集第一章中提及的各種不同類型情報上具有一席之地（除了人員情報以外）。偵察機能夠拍攝照片、蒐集信號、電子與排放物情報。可以在它不受干擾的情況下徘徊於戰場上空，蒐集大量有關敵方部隊數量、裝備與意圖的資訊。在二十一世紀初期，這類角色的大部分已經移交給衛星和無人空中載具，即我們所知的無人機。

這些飛機中最重要的種類，被稱為空中預警管制機。它不只是用自己的感測器來搜索敵方地面部隊，也能追蹤敵方飛機、飛彈與砲兵。通常它們也會做為你地面部隊安全通信的中繼站，還可以作為指揮與管制平台，監控廣大區域中的所有敵軍目標，並幫助你決定應該優先攻擊哪個目標（這種飛機通常會搭載至多十人的機組員，來執行這多元化的角色）。它們對你的敵人而言，是非常高價值的目標，因此你必須小心保護好它們。

在當代戰爭中，這種情報蒐集的角色被稱為「情報、監視、目標獲得與偵察」，簡稱為ＩＳＴＡＲ。在現代戰場上，你應該致力在空中擁有好幾個具備多樣且不同感測器的ＩＳＴＡＲ系統，包括和你總部間無處不在的影像連結，讓你能夠即時目視作戰，並根據你看到的狀況做出決策。不是每一個ＩＳＴＡＲ平台都具備了所有感測器，因此將它們彼此堆疊起來使用，可以產出更詳盡的戰場畫面，使你的將領能夠進行指揮與控制。最近，大部分小單位（一百人左右的連級單位）的作戰指揮室也會使用ＩＳＴＡＲ下行鏈結到螢幕上，好讓指揮官能追蹤整場戰鬥。

因為尺寸較小、酬載與航程比較有限，所以直升機可以用於專業偵察，但涵蓋區域會小很多。其中最專業的例子是執行反潛作戰中的直升機，通常是從直升機母艦或航空母艦上起飛。它們裝備有成套的感應設備來偵測潛藏在水下的敵人潛艦——雷達、聲納、紅外線以及磁異探測儀——，有時候還裝備所需的武器（如深水炸彈），以摧毀潛艦或是迫使它們浮上水面，使其較容易被攻擊。

空中力量的第二個主要角色是打擊敵方目標。這又可以廣泛分為三個範疇——戰略轟炸、飛彈攻擊，以及對地面部隊的密接支援。戰略轟炸機——如美國的Ｂ－52，從一九五〇年代晚期開始服役以來，在美國參加的每一場戰爭中無役不與——可以飛行數千英里（Ｂ－

52的航程是八千八百英里），並投下高達三十噸的炸彈。

這種高空轟炸機應該在衝突的初期階段用於攻擊敵人的指揮管制與後勤——前提是敵人的雷達與防空系統已經被飛彈或是能避開敵方雷達偵測的飛機摧毀。如果你想要毀滅如補給囤積處，或是敵方機場這類大型目標，大型戰略轟炸機將會是你的最佳選擇。

這類航空作戰任務高度複雜，牽涉到數以百計的人員，從評估目標的情報人員，到整備飛機的地勤人員，乃至於負責計畫並避免空域衝突，監控敵方飛機或防空系統，並幫助導引轟炸機抵達目標的作戰參謀。如果這是一次長程奔襲，那也許需要安排一架空中加油機，或是中轉機場以及待命機組員。簡而言之，轟炸目標是由多個系統組成的系統性作業，只有極少數國家能夠大規模成功執行這項任務。

另外，許多國家擁有導引飛彈，讓他們可以用諸如五百公斤的彈頭等武器精準攻擊敵方目標。這些飛彈——一般稱為巡弋飛彈——用於攻擊精準目標如指揮碉堡、雷達站、艦艇與橋梁。它們可以部署在飛機、潛艦、船隻或陸基發射載具上。至於你決定發展或購買的飛彈類型則取決於你所預期要交戰的敵人類型（這意思是說，你的發射載具必須要接近到射程能夠涵蓋目標的範圍內）。相較於其他的投射火力方式，它們相對便宜，每發的成本只要一百萬到兩百萬美金。

飛彈的種類非常多元，其中包括了不同彈頭尺寸，不同射程（通常是約八百英里，但某些飛彈可以飛行數千英里），不同的飛行速度（範圍從次音速、超音速到極音速），以及不同的飛行模式（它們是貼地飛行以避開雷達，還是飛高到大氣層中，以避開陸基反飛彈系統？）。如果你能夠負擔相關成本，應該要取得多種類型的飛彈——不同射程、酬載、速度與飛行模式，因為這將會讓你的潛在敵手窮於應付。他們必須建立反飛彈能力，來對抗你所有的飛彈類型。

最後，你必須要思考為你的陸軍提供密接支援。這是指你的地面部隊可以呼叫飛機或直升機，直接對敵人發射砲火、飛彈或炸彈。這種狀況通常是發生在戰鬥期間，所以需要地面與空中部隊的高度精準的協調。為了讓它能順利運作，你需要地面上的專門部隊（稱為前進空中管制員）和你的步兵與戰車並肩作戰，好引導你的飛機與直升機飛抵敵方目標上空，並阻止他們誤擊我方部隊。

某些密接支援方式可能會非常有效。直升機在擊毀敵人戰車上非常有用。它們可以隱匿在山丘後面，從偽裝或隱藏的空中管制員接獲目標資料，然後忽然冒出來、摧毀敵方戰車（如果是阿帕契直升機的話，還可以摧毀複數戰車——它可以同時接戰十六個目標），得手後又飛回山丘後隱蔽。正因為有這種高效率的武器系統存在，你必須設法在戰爭中盡早贏得制空權，若是沒辦法完全控制空域，也必須試著保持空域是處於爭奪狀態——也就是讓空域處於無法全面被掌控的情況下，從而阻撓敵人隨心所欲地攻擊你地面部隊的能力。

空中力量的主要機能——偵察與打擊敵方目標——越來越多地被無人空中載具所取代。無人機可以是固定翼式的、類似飛機的機型，這種機型可以進行高空長程的飛行；或者旋翼式的、類似直升機的機型，這種機型飛行距離較短、較貼近地面，也能夠盤旋飛行。無人飛機相對於載人飛機有很多好處：它們價格更為便宜（一架高空固定翼的無人機如「死神」的成本大約是三千萬美金）。當你部署這些無人機，即使它們被擊落，也免於擔心失去你的飛行員。

有一個論調是無人機實在太容易使用，因此導致各國更有可能在原本不會或無法使用軍事力量的情況下使用軍事力量。在不久前的「全球反恐戰爭」中，美國濫用無人機暗殺了它認為是世界各地的恐怖分子的人物，這幾乎肯定是事實。因為它們無法解決導致衝突的任何根本原因，所以那些恐怖分子僅僅是被其他人所取代——通常是更加怨恨的人——結果又導致必須進行更多無人機襲擊。

大型固定翼無人機既可以被使用為戰略性任務——攻擊如敵方領袖或通訊節點這樣的高價值目標——也可以為你的地面部隊提供密接支援。在這兩種任務上，它們可以在戰場上空盤旋數小時是很大的優勢（大部分飛機的燃料不足以做到這點，且我們通常想要對目標迅速完成攻擊與脫離，以避免飛機或飛行員遭遇危險）。這些大型無人機還裝備一整套偵察感應系統，意思是說一架無人機可以偵察戰場——或是海域——然後再追蹤並襲擊它的目標。

無人機隨著時間演進變得越來越小型，軍用的微型「四軸飛行無人機」，看上去確實跟你可以在亞馬遜等線上零售商買到的無人機十分相似。事實上，許多叛亂團體確實從線上零售商購買無人機，直接用來偵察，就是稍微修改來裝載爆裂物，使其成為有效的襲擊工具（要麼是投擲爆裂物如炸彈，要麼是用作「自殺」無人機——因為它們實在很便宜）。舉例來說，大約九百名在敘利亞的美軍，就經常遭遇由便宜、修改自商用無人機所發動的攻擊，有時候還是成群攻擊。

在我寫這本書的時候，這種科技正在改變作戰戰術。在二〇二〇年亞塞拜然與亞美尼亞的納戈爾諾-卡拉巴赫衝突（Nagorno-Karabakh）中[1]，亞塞拜然的小型無人機首先摧毀了亞

1 編註：第二次納戈爾諾-卡拉巴赫戰爭。

美尼亞的防空系統，然後摧毀了所有（或者幾乎全部）的亞美尼亞裝甲車輛與戰車。亞美尼亞實際上是被亞塞拜然的無人機艦隊所擊敗，他們無力防禦這種攻勢，最後只好被迫接受一份喪失大量領土的停火協議。如果你可能面對這種敵人，我建議你現在就開始思考能夠同時擊落多架微型無人機的反無人機防衛措施。

同樣地，在二〇二二年爆發的烏俄戰爭中，烏軍使用的小型軍用無人機發揮了巨大效用，毀滅了俄羅斯的補給車輛。不只如此，烏克蘭人還使用微型商用無人機來偵察戰場、發現俄羅斯單位以進行攻擊，並用它來執行專業任務，比方說觀察烏軍砲彈的落點，以修正火力並提高精準度——傳統上，這需要一個距離敵人一到兩公里之內的觀測小組。這對缺乏訓練的俄軍是極具破壞性，並迫使俄軍重新思考基本軍事技能，如偽裝和分散車輛。

展望未來，你可以預期主要的軍事強權會同時開發並配備數以千計極小的微型無人機。它們將透過人工智慧演算建立關係網絡並進行控制，這個演算法分布在所有無人機的處理器上。這種武器能像椋鳥一樣聚集成群、集體群飛[2]。不只如此，每一架無人機都是一枚自殺炸彈（而不是發射彈藥），在這種情況下，即使任何一架無人機被摧毀，整個網絡還是可以繼續發揮功用。這樣的武器非常難對抗，更不要說擊敗了。如果你發現你的敵人已經成功發展出某種類似的兵器，那你在發展出反制之道前，最好先不要向對方輕啟戰端。

最後，控制天空可以讓你展開空降作戰——也就是用降落傘讓大量部隊（以及其裝備）從飛機上空降，或是用直升機運送小部隊。這些作戰和兩棲作戰在軍事上幾乎一樣困難，而且原因相同——我們非常難在目標上達到足夠高的部隊密度，以及隨後為空降的部隊提供補給。

最近一次企圖實施的空降作戰是在烏俄戰爭。在戰爭非常初期階段，俄羅斯試著針對靠近烏克蘭首都基輔的霍斯托梅爾機場（Hostomel）發動空降攻擊。雖然載有先頭突擊部隊的直升機成功著陸了，但烏克蘭地面部隊掃除了這些下機的部隊。因為這類的例子，非常少國家維持傘兵部隊，更不要說使用他們了。但從另一方面來說，作為一種心理兵器，空降部隊的部署，或者對使用他們所造成的恐懼是非常有效的。

誠如以上所見，空中力量對於成功的地面作戰相當關鍵，只有傻瓜才會在無法掌握天空的情況下，貿然從事一場地面作戰。

---

2 編註：成群的椋鳥在空中飛舞，這種稱為「群飛」的現象能含有上百至上萬隻鳥。

太空力量

假如你的國家非常富有，那你也必須思考太空的軍事用途。過去五十年，最大的強權都已發展能對陸海空部隊提供偵察、通訊與導航能力的衛星。現在大約有三百二十枚軍事衛星在軌道上，其中一半都是由美國所部署。

太空作戰為能夠做到這點的強權提供了幾個好處。最好的偵察衛星能夠解析五到十公分的影像，這已經足以辨識出一種武器系統或是一項裝備，或是計算某個地區的人數、釐清他們正在忙些什麼。但不像某些人宣稱的那樣，你無法判讀一份報紙頭條——為此你需要一架裝有高解析度攝影機的無人機才能做到。

某些偵察衛星也可以偵測到雜散的無線電通訊，感測電波頻譜來進行評估，比方說敵方雷達系統的能力。其他衛星則專門設計來偵測與提供洲際彈道飛彈軌跡的早期預警（關於這點，我們會在第八章更進一步討論）。偵察衛星的一大優勢在於，它相較於飛機，幾乎不太可能被擊落或是被攔截。並且如果你有足夠的衛星在互補軌道上，你就可以對所想偵測的某個地區或目標，進行持續的偵察作業。

通信衛星讓你能夠在衛星覆蓋範圍之內的任何地方，與你的軍隊進行安全通訊（它們特別安全的原因是，這些通訊是視距通信，這意思是說若要攔截它們，你必須要位於地面軍事單位與衛星之間——比方說需要某種在空的飛機）。現在，只有美國、中國、英國與法國，擁有全球性安全的軍事衛星通訊。

俄羅斯過去也能在這個層次運作，但現在他們的技術已落後於西方列強與中國。他們也日益無法替換那些已經接近使用壽命末期的衛星（部分原因在於自從二〇一四年吞併克里米亞以來所受到的制裁）。安全通訊能力的侷限性，嚴重阻礙了他們在二〇二二年對烏克蘭的入侵。西方列強能夠形成對俄羅斯戰力與意圖的解讀，並將這些資訊傳遞給基輔，從而讓烏克蘭能非常成功地鎖定並攻擊俄羅斯指揮控制節點與人員。

衛星最後一個主要用途是高精準度導航，精準度可以達到二至五公尺。它不只能為你的人員導航，也能幫助多種精密武器系統找到目標。現在，有四種全球衛星網絡提供導航服務；分別由美國、歐盟、中國與俄羅斯所擁有（同樣地，俄羅斯在維護它的衛星群上也面臨困難，且其覆蓋範圍日益削減）。

如果你不能發射自己的導航衛星群，你就必須確保你和這些擁有導航衛星的強權之一同盟，且你們的關係要穩固到足以承受任何你所籌畫的戰爭的負面後果。簡而言之，在現代發動一場缺少精密導引的戰爭是難以想像的，特別是當你的敵人能夠使用這種能力時。

這也是中國（還有其他國家）研究並實踐如何在特定地區「欺騙」GPS信號，使得（舉例來說）船隻在導航系統上所顯示的位置和確實所在位置不同，或是「干擾」它們好完全切斷導航信號的原因。這種技術可能與最近十年間多起涉及美國海軍艦艇的碰撞事件有關。

作為應對，美國海軍重新開始教導他們的領航官如何用紙、筆、六分儀、星象和太陽來導航。每一個太空強權都關心它們仰賴衛星進行（特別是）通訊與導航的程度，以及它們在面對反衛星飛彈、雷射，或是潛在的其他衛星——特別是設計用來摧毀整片衛星網絡的微衛星群究竟有多脆弱。

同樣值得強調的是，太空的軍事活動也需要地面指揮站、發射裝備的能力、高度專精的人員，以及安全的資料鏈。你可以在不用毀滅對方太空設備的情況下，就除掉敵人的太空作戰能力（敵人也可以反過來這樣做）！

大氣層外的太空軍事用途，是二十一世紀列強競逐的一個關鍵領域。這種競爭將會發展成怎樣的形式，目前尚不清楚。雖然所有主要太空強權都簽署了一九六七年的《外太空條約》，該條約對太空的軍事用途做了某些限制——比方說禁止大規模殺傷性武器、月球與其他天體的非軍事用途——但條約並未限制在軌道本身上的軍事活動。

這為最終在軌道部署傳統彈藥開了一扇方便之門。它讓一個國家能夠在幾乎沒有預警的情況下，經由太空轟炸另一個國家。甚至是現在，某些國家正在發展極音速飛彈。這種飛彈會以數倍於音速的速度（某些案例甚至可以達到十七馬赫，也就是每小時一萬三千英里），利用太空邊緣飛行。這些可能是戰術極音速飛彈，可以避開大多數的現代防衛系統（比如說裝備在船艦上）。但這種飛彈也在發展洲際射程的版本，它可以推升到衛星軌道邊緣，然後用極音速滑翔方式命中目標，從莫斯科到華盛頓的飛行時間大約只需十五分鐘。舉例來說，俄羅斯已經測試了好幾種這類武器。

當我們展望未來——涵蓋海、空與太空這三個領域時——正在出現某些趨勢。過去，各國尋求擁有大型、聲威赫赫的武器——如航空母艦的大型船艦，匿蹤轟炸機此類的昂貴噴射機，以及大規模的衛星群，但技術的進步讓它們在面對敵人攻擊時變得非常脆弱。你需要思考是否大量更便宜、更小型且無人化的系統，它們能夠提供更具生存性與更有效的軍事戰力——特別當以網路連結、透過所謂群體人工智慧操作的微型船隻、無人機與衛星，在未來十年間將會日益發展成熟。

第七章　資訊與網路

關於未來戰爭是以資訊而非戰車作戰，透過網路攻擊敵方電腦系統而非部署步兵這方面已被大量討論過。無庸置疑，二十世紀與二十一世紀在通訊技術上的重大進展，為我們的軍隊系統與社會帶來了顯著的有利條件，但同時也帶來了巨大的脆弱性。

然而，儘管被大肆宣傳炒作，這些技術對於戰爭行為的影響仍然有所不同。說到底，「資訊戰」以前被稱為宣傳，只是現在已有更具效率的通訊系統來傳播你的訊息。

就像二〇二二年烏克蘭戰爭所展現的，對於這種新型態戰爭的預示實在過度樂觀，且體現在序章中所提出的標準戰爭謬誤那樣：被一種新科技所魅惑，幻想它能讓我們脫離戰爭的正道。

在網路與資訊戰的案例中，被拋棄的正常規則是「戰爭的勝負關鍵仍取決於陸地戰場」。這個謬誤由於「硬」軍事實力與網路空間作戰的相對成本而更加地誘人——「虛擬」作戰的成本相對於部署裝甲師或發動空襲，要便宜數百倍、甚至是上千倍。這種類型的攻擊還有一個關鍵的優勢，不對外承認的行動，更能夠進一步在你的敵人當中引發混亂。

也就是說，網路與資訊戰就像海上、空中與太空領域的軍事力量一樣：在支援地面獲取決定性戰果上非常有用甚至不可或缺，但不能只靠它們贏得戰爭。若運用得當，網路與資訊戰可以對敵人心理產生明顯的影響，而就像你所知道的那樣，後者是戰爭的主要目標。可是最終，對你的敵人施加致命暴力，遠比起用資訊轟炸他們來得更具說服力：戰車總是能戰勝推特上的推文。

本章將會向你解釋如何善用網路與資訊戰，來支援你的戰略與戰術目標以及作戰行動。我在此要做個簡短的警告：我將僅討論在戰爭與作戰界線以上的資訊和網路空間作戰。我不會針對未達戰爭臨界值的這類活動的廣泛使用情況進行評論和建議——比方說對於一個國家不斷干預選舉、企圖影響另一個國家民主進程的指控，或是讓政府系統離線、關閉網站與網路服務的網路攻擊等——，主要是因為這些內容本身就已經可以另外寫一本書了。

戰略資訊作戰

在戰略資訊作戰中，你將嘗試溝通的受眾主要有四種類型：「全球」受眾、你自己國家的人民、敵方國民以及領導階層。

和前兩類受眾溝通，是要維持你的行動受到認同，這具有極高的戰略意義。通常這兩種受眾會接收到同樣的說辭，因為向這兩種受眾傳遞不同的陳述，會影響你在他們眼中的可信程度（不過也有少數例外——例如北韓——當地的溝通環境極度受限，使得北韓政府可以對不同人群說不同的話）。

與第三種受眾——敵方國民——溝通，主要是要在他們和他們的領導人之間製造分裂，從而試圖削弱或破壞對方政府、人民與軍隊的聯繫——這在第二章中有提到過。最後，和敵方領導人——包括政治與軍隊兩方面——進行溝通與前面三種受眾截然不同，更可能是牽涉到某種欺敵及（或）同時的武力運用或武力威脅，用以強化你的訊息傳遞效果。

在最高層級上，資訊作戰必須是你的戰略作為的精華。這意思是說，將你的戰略描述成為一種說辭，並讓廣泛的全球聽眾認為合理，是有助於你判斷你的策略是否現實可行。從很多方面來看，戰略與溝通是同一件事。畢竟，暴力只不過是另一種溝通方式，或是一種強調你正在溝通內容的可信度的方式。你的戰略成功的機會、跨國後勤體系的運作，以及國內士氣的維持，關鍵在於能否以中立觀察者認為公平合理的方式來表達你的戰爭。

你將在日後回想起，當決定你的整體戰略時，最重要的事情之一，就是確立能解釋你行動的說辭。

全球民眾與受到他們影響的國家領袖，必須普遍認為你的戰爭是一場正義之戰，否則你就有可能在最需要確保關鍵軍事技術與日用品補給來維持你的成果（參見第二章：後勤）時，冒上失去國際支援的風險。你的國內人民必須看待它是一場公正且有道理的戰爭，因為他們將承受衝突所帶來的損失，並且必須根據戰爭的說辭認定這些挫折是有價值的（參見第三章：士氣）。

可能贏得世界最廣泛認可的說法是保衛你的家園，對抗試圖吞併你國家的無端侵略者。也許最難說服人的則是成為那個無端侵略者——在二十一世紀，往往其他人民與國家都不喜歡單方面地重新繪製世界地圖的行為。其他戰爭——比方說推翻某個政府以另立一個比較親近你國家的政府——則介於兩者之間，其他人是否認為這場戰爭公正合理通常取決於超出你所能控制的因素。

作為你戰略進程的關鍵部分，你必須致力以一種外界可以接受的形式來定位你的衝突。這需要智力與情感上的努力，因為你必須從其他人的視角來看你的行動——但比起決策錯誤的成本，這樣的投入一點都不昂貴。這將在確保與你行動相關的全面認同、國際後勤與補給、以及國內民眾（進而軍隊）士氣方面獲得回報。

產生讓中立的局外人看似公正合理的資訊戰陳述的最有效方法是——就像戰略制定一樣——建立一個包含多重觀點的組織，設立負責挑戰現狀的紅隊，並納入一些不隨眾的人。「群體迷思」對於良好的資訊作戰和戰略來說，都是同樣的敵人——事實上，它們本質上是一樣的。唯有堅決防範群體迷思，才能剔除那些以自我觀點為中心、對他人而言不合理的拙劣說法。

在你形塑戰略與計畫進程的非常早期階段，建構起你的戰略陳述說法有多種優點；特別是當你意識到你的陳述對第三者是無法接受的時候，它可能會迫使你轉換你的整體戰略。

第三種你可能希望影響的目標人群——也就是你敵人的國內民眾——是非常難以影響的，因為大部分人往往很自然地更相信他們自己的領導人，而不是來自於其他國家所傳播的資訊，特別是那些他們正在作戰的國家。儘管如此，大部分國家仍然會絞盡腦汁去與敵國的人民溝通。通常，這種陳述是面對全球受眾說明的延伸版本，特別強調那些可以用來在敵方領導層與其人民間製造分類的重點。你應該要致力和你的敵國人民溝通，但不要對成功有太高的期望。

一個透過陳述說明形成最大戰略利益的好例子，是在一九九〇年波灣戰爭由美國所領導的多國聯軍。一九九〇年八月初，伊拉克入侵並占領了他們南邊的較小鄰國科威特。當時的美國總統老布希，非常巧妙地組織了一個包含許多穆斯林國家在內的三十五國聯盟，並通過陳述說明傳達聯盟的目標只是把伊拉克軍隊逐出科威特，並非要攻擊或占領伊拉克。

這種說明得到了充分接受，獲得了聯合國安理會決議的支持，甚至在伊拉克用飛彈攻擊以色列的時候，仍然能讓聯盟團結一致（這些攻擊可能會把以色列捲入戰爭，從而破壞聯盟，因為許多穆斯林國家不願意和以色列並肩作戰），並在美國國內獲得了熱烈支持（戰後有五百萬人走上街頭，歡迎部隊歸國）。

這種敘述說明很重要，因為它反映了一個戰略現實——看看二〇〇三年由美國主導的入侵伊拉克災難性後果明確表明——改變伊拉克政權的政治領導，不是一個可以用軍事手段

「解決」的問題，否則會對於伊拉克人民以及美國在當地與世界的威望及戰略利益帶來巨大、無法預期且負面的後果。

相較之下，美國在越南與阿富汗的長期戰爭有著宏偉的論述（擊敗共產主義、擊敗恐怖主義），但這些論述與現實不符，因為美國部隊正在被他們為占領者而進行抵抗的游擊隊作戰。俄羅斯二〇二二年在烏克蘭也犯了同樣的錯誤——他們聲稱自己正在對抗「納粹」。

最後一個你應該通過戰略資訊作戰影響的受眾是敵人的領導層。最大的不同點是，針對前三類目標——世界輿論、你的國民，以及敵方國民——你必須要建構你的資訊作戰，使它們能夠反映一個理性旁觀者所認為的現實。但當與敵方領導人溝通的時候，傳遞意圖和欺騙往往占據了核心位置。

在思考這一點上，一個有用的方法是，你的資訊戰應該——在以暴力和可信的暴力威脅作為後盾時——影響敵方領導層的決策盤算方式。本質上你是使用論述的方式與武力圍繞你的敵人進行動員，以至於他們最終做出決策時，並非符合他們的利益，或是符合你的利益。

在戰爭中，有兩種主要和敵方領導層溝通的模式：傳遞你的意圖以阻止他們要做某件事；向對方欺瞞你的真實意圖，以讓你在衝突中占上風。這兩種類型反映了戰爭與戰略的基本心理學，清楚地強調戰略資訊作戰與戰略之間的統一性。

如果你發現需要阻止敵人採取軍事行動，那你必須謹慎調整你對他們（以及全世界）的表述內容，以及如何用武力或武力威脅來支持你的論述（有時候會伴隨著一場小型的投射武力能力展示）。

為了讓這種傳遞信號方式發揮作用，你在陳述與展示軍事意圖上都必須盡可能具備可信度。舉例來說，如果你的情報員告訴你說存在來自於鄰國的入侵威脅，那麼只有在你威脅將對方的入侵變成一個血腥且代價昂貴的錯誤，而且你的威脅大致上符合實力平衡時，你才能成功地嚇阻對方。如果雙方實力完全不對等，那你的論述與嚇阻戰略就會失敗。

一個嚇阻成功的好例子是一九六二年的古巴飛彈危機。蘇聯在古巴部署了飛彈，讓它能夠在美國偵測到飛彈之前，就對美國本土展開打擊。作為回應，美國對這座島嶼展開海上封鎖，並聲明任何進一步朝古巴航行的船隻都將會被擊沉，同時也要求撤除島上的所有飛彈。當蘇聯意識到，美國認為蘇聯在古巴部署飛彈觸及他們核心安全紅線，並相信美國將會採取軍事行動來維持這個立場時，他們就讓步了（作為回報，美國也撤出一些部署於土耳其的飛彈）。

你應該將這個成功的嚇阻例子，跟美國與其北約盟國在二〇二二年試圖阻止俄羅斯入侵烏克蘭的努力做比較。在入侵的前幾天與幾週內，隨著俄羅斯即將發動攻擊的事態益發清晰，北約警告俄羅斯不要入侵，威脅如果他們這樣做，將會面臨經濟制裁與國際孤立。與此同時，北約盟國明確表示，他們不會進行軍事干預來防禦烏克蘭（你可以將之想成是嚇阻的反面）。這被俄羅斯總統普丁解讀為入侵的綠燈。

另一種你該思考的戰略信號傳遞形式，是讓你的敵人相信你正在做某件事或將要做某件事，而事實上你將做的是另一件事：換句話說，欺騙他們。這是贏得戰爭最便宜的方法。如果你的資訊作戰能增加你的敵人對你正在計畫做什麼事的模糊性，那它們就是有效的。與威嚇相似，為了讓你的欺敵成功，你的言詞必須與實際行動相符，以強調你正在說的事物（除非你正計畫執行未具名——秘密的——資訊作戰，這點我們下面會討論）。

俄烏戰爭中就有一個極好的例子。在衝突開始後的幾個月，俄羅斯宣稱他們要聚焦在奪取烏克蘭東部一個名為頓巴斯的地區。他們削弱了在這個國家其他地方的兵力並在頓巴斯展開一場總攻擊。烏克蘭人促成俄羅斯人認為，這裡就是烏克蘭最重要的軍事行動區域——烏克蘭總統澤倫斯基宣稱這是保衛國家的關鍵一役，烏克蘭軍隊在戰爭中首度發布死傷統計數據，並且經常地向它的西方支持者呼籲提供更多部隊，並指出頓巴斯戰役的規模（參見**圖6**）。

當所有人的目光——特別是俄羅斯的目光——全部聚焦在頓巴斯的時候，烏克蘭軍隊悄悄地在該國南部展開了一場攻勢，目標是收復更具戰略重要性的赫爾松市（Kherson）。他們在南部設法收復了比他們在東部喪失給俄羅斯更多的領土，這些領土具有更高的戰略價值。當俄羅斯意識到發生了什麼事時，烏克蘭政府宣布在南部發動一場「百萬人」的攻勢以收復赫爾松，並迫使俄羅斯重新部署部隊到南部……隨後烏軍開始在東南東、東部、南部發動攻擊，以向俄羅斯人隱藏他們最終的攻擊主軸線。

一種最成功的欺敵方式是實施不具名——秘密的——戰略資訊作戰。這指的是透過第三方傳遞資訊給你的敵人，從而掩蓋這些資訊其實是出自你手的事實。最成功——或許說最出名的——欺騙行動之一，發生在第二次世界大戰期間，毫無疑問還有許多其他成功的欺敵行動，至今仍然屬於機密。當時英國情報單位成功讓德國人相信入侵西西里只是一次佯攻，目的是為了吸引德軍離開希臘與薩丁尼亞島。

英國情報單位巧妙地取得了一具流浪漢的屍體，讓他打扮成皇家海軍軍官，然後放一份文件在他身上，強調希臘與薩丁尼亞島是入侵目標，而非西西里。這具屍體用潛艦在靠近西

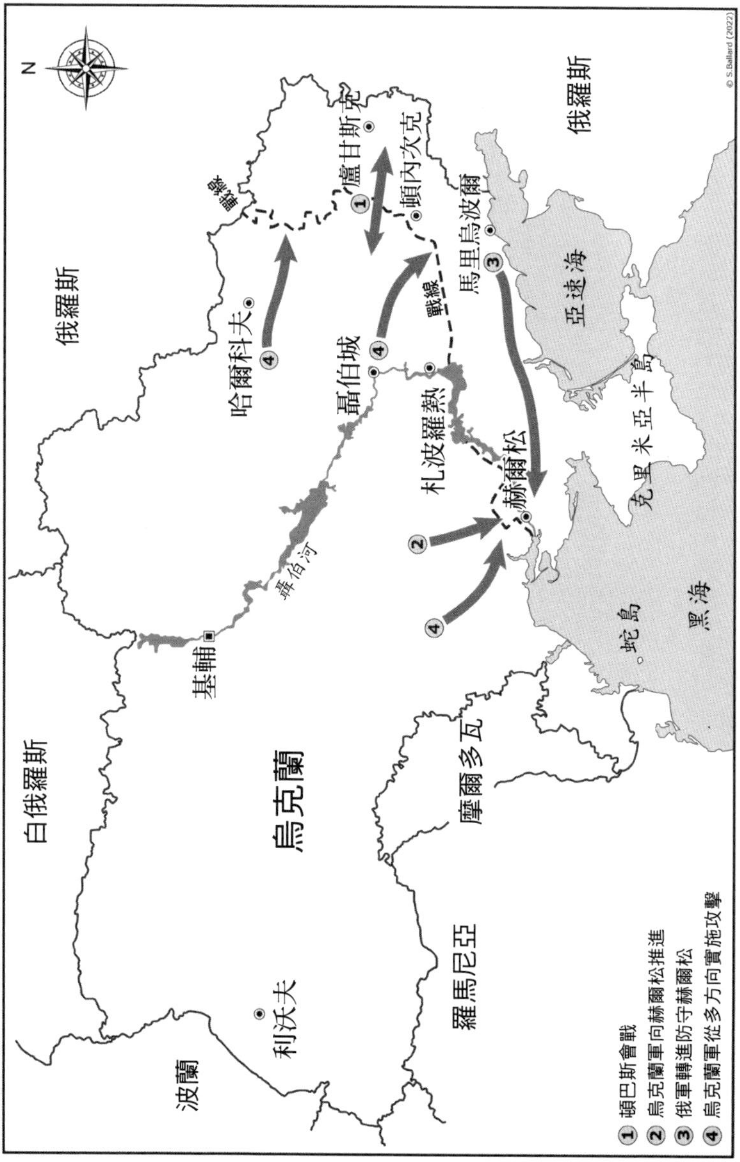

圖 6　2022 年烏克蘭的敗敵行動

班牙海岸處釋放，並被一名漁夫撈起，文件最終落入德國情報單位的手中。信號情報證實德軍已經掉入欺敵的陷阱，當盟軍入侵西西里時，德軍的增援部隊正在被派往薩丁尼亞和希臘。

無論你計畫怎樣為你的戰爭安排戰略資訊內容——為世界受眾、你的國民、敵方國民及領導人所準備的論述說明——你都必須考慮到網路對於通訊與資訊環境所帶來的巨大改變（網路從二〇一七年的百分之五十普及率，增加到現在的百分之六十三世界人口——某些地區如北歐，普及率更高達百分之九十八）。對這種變化的分析可以——且確實可以——填滿好幾本書，而這也是為何資訊作戰在二十一世紀開始的二十年間，被讚頌為一種全新型態的戰爭方式。

不過，這些溝通領域的巨大改變，其實可以用兩個詞來概括：去中間化（disintermediation）與零碎化（fragmentation）。去中間化指的是消除了「中間人」：以前人是透過少量新聞媒體管道接收周邊世界的相關資訊。隨著網路的廣泛採用，現在有數千個資訊來源可用於接收周邊世界的相關資訊。重要的是，許多這些資訊來源可能是匿名的，並非其所聲稱的身分，或是高度擁護某些特定立場。我們也可以——且確實已經是普遍——直接聽到來自於世界另一端某人觀點的說法，這在網路發明前是絕對不可能的。

這種進程導致了溝通空間的分裂與零碎化——簡單說，就是混亂。而這種混亂對於想要擾亂他國的資訊作戰的國家創造了明顯的優勢。但如果你想要傳遞一致性的說法，讓不同的受眾都相信與追隨，那這種高度的零碎化則會反過來阻撓你。簡單說，網路為那些希望打亂現狀的挑戰者提供了優勢，但讓現有強權更難以維持某種一致性且廣泛被相信的陳述。我們可以從俄羅斯在二十一世紀的第二個十年間，試圖破壞美國霸權的行動中清楚地看出這一點。

俄羅斯在這段時期比起世界上幾乎其他任何國家，更加重本投資在資訊作戰上。它迅速地擴張它的海外新聞廣播機構「今日俄羅斯（*Russia Today*）」，增強它在線上的活動，特別是在社群媒體上，專門用假帳號發布「錯誤資訊」或「假新聞」，來更進一步裂解溝通環境。這種更進一步分裂的目的是製造混亂，讓西方政府更難傳遞一致性且被相信的論述，甚至影響其治理能力。值得注意的是，俄羅斯並沒有創造這種零碎化的環境，只是讓這種零碎化益發惡化。而俄羅斯的資訊活動也沒有推進一種替代性的世界觀，而只是攪混一潭水，讓西方的論述說明不再被信任。

在這個渾沌的資訊環境中，俄羅斯也介入干擾美國、英國、法國與其他國家的選舉——

部分是支持某些候選人及（或）政策，但主要是在製造對民主觀念的嚴重不信任，畢竟民主是專制體制最厭惡的東西。在許多方面，俄羅斯的戰略資訊作戰都反映了該國對自己人民展開的活動：創造許多相互對立的說法，使人們不再知道什麼是真相，從而在人民之間產生對能夠帶來清晰認知的強勢領導者的需求。

這種俄羅斯戰略資訊作戰模式在二〇一四至一七年間非常成功，但隨著西方人民——其主要目標——逐漸看破而越來越不成功。西方政府也學會反擊這種戰略性的錯誤資訊作戰的應對方法——在俄羅斯採取行動時就搶先一步揭露其意圖，從而讓目標對象（西方人民）有所準備，讓他們知道自己將會成為錯誤資訊作戰的目標。

隨著網路普及率與使用率的增加，戰略資訊作戰領域正在持續地演進。最引人注目的是，社群媒體在戰區的使用完全改變了報導衝突的廣度與速度，使得戰鬥者、觀察者與分析者能即時塑造對於戰爭的戰略論述。舉例來說，現在有一個趨勢，線上的專業影響者會使用社群媒體蒐集有關進行中衝突的資訊——透過親臨現場的目擊者，以及其他來源——，然後傳播他們自己對事件的更廣泛戰略分析，而這些內容隨後被傳統媒體所採納使用。

這些專業分析現在開始形塑並引領傳統媒體；這些媒體仍然仰賴於不同地區的戰場特派

員的舊模式，這提供他們對細微資訊的優秀洞察，但對於衝突的戰略方向，或更廣的地緣政治事件全盤視野則很少。也就是說，社群媒體現在正形塑著對衝突和地緣政治事件的整體敘述說明與觀點。如果你希望即時影響世界輿論，那你就應該思考發展這種能力。

戰略網路作戰

網路作戰涵蓋了各種高度機密的活動，其目標是關閉或破壞敵人的電腦系統，包括軍用與民用系統。因為其所涉及的成本相對低廉，包括所有聯合國安理會常任成員國，以及伊朗、北韓在內的多個國家，都已發展出不同程度的攻防能力。大部分時候，我們很難確定是誰展開網路攻擊，而且大部分網路攻擊者都否認使用這些武器。這種「推諉不知情的能力」，確實提供了優勢，因為你可以在不到戰爭發生的情況下，損害敵人的戰力，或是傳遞訊息給他們，但它也會增加誤判的可能性。如你所料，有無數種方法可以進入並破壞敵人的電腦系統：以下就介紹幾種主要的方法。

或許最為人所知的數位攻擊類型，就是電腦病毒或惡意軟體。這是一種（通常很小）電腦程式，透過電腦網路或更常見的情況，透過一個USB設備實體引進目標電腦系統（因為關鍵電腦系統通常採取實體隔離〔air gap〕[1]，不會連結到如網際網路等更廣泛的電腦網路）。

這種惡意軟體接著會取得電腦系統的存取權限，並且能夠執行攻擊，例如凍結電腦系統並鎖定正常用戶的存取權限、刪除或加密敏感數據，或是綁架核心電腦機能如處理器，從而讓整個系統失靈。我們中有很多人在自己的家用電腦中，都遭遇過這種類型的病毒。

有時候病毒或惡意軟體是被設計來利用所謂的「零日」漏洞。所謂零日漏洞是指軟體（如作業系統或文字處理程式）當中先前未知的弱點。零日漏洞源自於軟體產出過程中的複雜性：即使日常使用的軟體如Windows 10，擁有五千萬行程式碼，而不可避免地會有被忽視的弱點。

零日攻擊的範例包括了對索尼的攻擊，即將上檔的電影細節與演員的個資因此流出。還有對RSA加密演算法發動攻擊——針對一家電腦資安公司，攻擊者因此獲得了電腦系統的遠端控制權。

這些漏洞可能是任何形式的：有些允許攻擊者取得登入權限，有些允許攻擊者關閉軟體，其他則讓攻擊者可以鎖定使用者的登入權限——簡單說，這種漏洞可能會存在於軟體作業的任何方面。這也意味著，如果漏洞存在於某種非常普遍的軟體——例如作業系統——那病毒或惡意軟體就可以在全球範圍無法控制地感染系統，導致難以形容、遠超預期的損害。

軟體上市後，軟體供應商會持續不斷嘗試發現修補這些漏洞。但是那些已經發現但還沒有被任何人知道的弱點（零日漏洞）經常會在（暗）網上進行交易，贖金可能高達美金一千萬。有些軟體供應商也會在市場上購買自己軟體中的弱點，以便於可以修復它們。

最後一種主要的網路攻擊方式被稱為「分散式阻斷服務攻擊」（DDOS）。在DDOS攻擊中，世界上各個地方的許多不同電腦會被利用（通常是透過某種電腦病毒或惡意軟體）連接到某台特殊電腦或某個網址——比方說敵方政府的網站，來讓它過載並癱瘓。舉例來說，愛沙尼亞就經常遭到來自於俄羅斯的DDOS攻擊。

這些數位攻擊的一個重要現實是，它們的持續時間通常很短暫。也就是說，一旦成功進

1 編註：是指只連上本地網路，但無法連上網際網路的電腦，通常是政府、軍隊或企業為了存放高敏感度的資料，例如機密檔案或智財而設置。

入敵方系統並使其癱瘓或無法使用，通常電腦專家能夠隔離受感染的系統、修補漏洞，並在幾小時、最多幾天的時間內讓系統恢復上線。

從這一點更進一步來看，被利用的弱點——特別是零日漏洞，將會被你和軟體製造商察覺，從而導致這種攻擊形式將無法再次使用。

網路攻擊的這兩種特性——持續時間短與「一擊即中」——決定了網路攻擊的使用方式和目的。大體而言，你應該思考兩種類型的用途：第一種是在大規模攻擊發起之前，癱瘓對方的關鍵戰略層級電腦系統，好讓你的敵人無法有效應對。理想的情況是，當敵方復原他們的電腦系統時——比方說控制空中交通或衛星群的系統——你已經透過地面部隊獲得了決定性的優勢。

第二種的用途則是攻擊敵人的民用基礎設施——也許是讓他們的電視頻道無法正常播出，或是關閉他們的發電廠——目的在於引發對方民眾的恐慌與恐懼，從而對敵方的領導階層造成壓力。

可是第二種類型的大規模攻擊尚未在戰爭中實施過，並且其運作成效如何也不清楚。舉例來說，其他針對市民的大規模攻擊方式，如空襲，往往無法導致敵方市民恐慌並要求和平，反而可能激起一種更堅決的態度，決心擊敗那些轟炸他們城鎮的敵人。故此，我們無法推斷對市民基礎設施展開的大規模網路攻擊會引發怎樣的力道。

此外，因為網路武器會透過網路傳播，感染並非原本目標的電腦系統，所以也許會造成非計畫內的意外結果——例如癱瘓醫院系統，導致人們死亡，從而掀起世界輿論對你的非難之聲。簡單說，我們還沒有經歷過包含大規模網路攻擊的戰爭，所以也沒人能完全確定會發生什麼事。

在最低限度內，你必須保護你所有的軍用電腦系統，還有你國家的關鍵基礎設施，一張包羅萬象的清單——包括供水、發電、航空管理系統、網路與通信主幹線、銀行、超市物流系統等等。大部分重視網路防禦的國家，都會建立一個政府局處，與公用事業供應商，以及為人民提供關鍵服務的私營機構合作，並幫助他們改善網路防禦能力。

最有效的戰略網路攻擊，應該是美國與以色列對於伊朗在納坦茲（Natanz）的核子設施的攻擊——儘管這兩個國家都未曾正式宣稱自己要為此負責。雖然這不是在戰爭中使用網路武器，但仍然值得在此提及，因為它展示了如何癱瘓敵方的關鍵系統。

一種惡意軟體——後來被暱稱為「震網（Stuxnet）」——被引入了這座工廠的系統中，

最可能的途徑是透過一個伊朗核子科學家在貿易展覽會拿到的免費隨身碟。這個軟體利用四個不同的零日漏洞，透過微軟作業系統進行潛伏，並入侵到負責控制五千台離心機的西門子公司的軟體，這些離心機用於該設施中的鈾濃縮作業。

震網病毒漸漸增加離心機的運轉速度，導致它們自毀。最終，伊朗科學家察覺出了問題，並將損害限制在約一千台離心機，但即使如此，也已嚴重推遲了伊朗的鈾濃縮能力。不幸的是，在這場攻擊期間，這種病毒逸散到網路上，並且感染了世界各地數百萬台的電腦，但只有安裝了納坦茲工廠所針對的特定西門子軟體的電腦才會受到損害。

發動網路攻擊的能力，目前尚處於初期階段。舉例來說，它們通常仰賴人為漏洞來把軟體帶進系統，就像上述的納坦茲案例。這在某種程度上限制了發動攻擊的能力。據報導，北韓核子工廠曾成為震網的攻擊目標，但由於把病毒帶進目標的電腦系統被證明是不可能的，這種嘗試最終遭到放棄。目前某種人工智慧網路攻擊已經在發展中，它能自動化滲透並攻擊目標電腦系統——這事實上讓它們更為有效，但也變得更不可測。

戰術網路作戰

戰術網路作戰並不僅僅是戰略網路作戰的小型化版本。首先，在戰術層級上，軍用電腦更可能成為攻擊目標，而它們普遍是安全強化且加密的，這使得它們更難以被攻擊（確保你的軍用電腦安全強化且有加密，否則只要一個具備中等能力敵人就能癱瘓它們）。

因此，在戰術層級上，攻勢網路作戰將會尋找最脆弱的環節。在二十一世紀，最有可能的目標是每個士兵攜帶的手機。獲得對這些手機的存取權限，可以讓你聽到他們說的每一句話，追蹤他們在哪裡，以及他們相機鏡頭看到的任何畫面。你也可以獲得他們所有的聯絡人資訊，這樣可以對他們的親人發動心理戰，以削弱他們的士氣（注意：要沒收士兵的手機，如果發現他們持有手機加重懲罰）。在阿富汗與伊拉克，所有英國士兵的手機都會被沒收，等到他們結束派遣任務之後才發回。

還有其他可以利用、且（或）必須防備的弱點。許多軍隊會使用小型商用無人機進行簡單的偵察任務，如觀察敵方部隊。雖然它們便宜且有效，但也很容易被駭進去並改寫程式。這個概念可以延伸到你手下士兵或許會帶到戰場上的任何商規且未加密的設備上：運動手錶、智能手環、平板等。如果你想要確保完整的網路安全，那士兵持有的這些東西都要一律沒收。就像戰略層級一樣，戰術層級的網路攻擊很可能只在短時間內有效，直到敵人意識到問題並加以解決為止。這意味著，如果你發現某種可以滲透敵方關鍵系統的方法——比如防空系統、指揮與管制系統，或者協助指引武器攻擊目標的戰場資料分享網路等——那你就應該只在最緊要的攻擊或機動行動上使用它們。如果你的敵人仍未意識到你計畫鎖定的軟體弱點，那你就可以加重他們的混亂，還可以在你進行其他戰場機動或攻擊時，轉移他們的注意力。

在思考自己的數位防禦時，你應該總是要假設你的關鍵系統可能存在弱點並會被癱瘓，就像你應該總是假定你的通訊可能會被攔截一樣。因此，你也許要思考訓練部隊在關鍵電子系統停止運作的情況下如何成功作戰。他們是否知道怎樣用紙本地圖和指南針導航？你的船隻和飛機能否在沒有電腦系統的情況下導航？如果你的無線電停止運作，你的部隊要如何通訊？如果你的補給系統只有紙筆可以作業，是否仍然能夠提供燃料彈藥？大多數專業軍隊已經重新將這些納入其訓練，你也應該如此。

戰術資訊作戰

戰術資訊作戰——即向敵方士兵或作戰區域中的平民百姓傳遞資訊——是很難執行的，且普遍來說不怎麼有效。傳統上，軍隊仰賴傳單、海報和廣播進行所謂的「心理作戰」來傳遞訊息。產生這些訊息的過程，則有賴於發展對敵方部隊與平民百姓在戰爭階段中的想法或感受的清楚理解。這非常難以做好，所以訊息往往會變成一種僵硬的工具（「現在馬上投降，你們將會獲得善待」；「我們是為和平而來，並且幫助貴國發展」）。

一個簡單的事實是，敵方部隊即使痛恨自己的指揮體系，還是比較可能相信這些人，而非針對於他們的敵方宣傳。此外，武力或者武力威脅比起傳單，更具有壓倒性的說服力。敵方市民通常也處於類似的狀況，大部分市民只是試圖在衝突中存活下來，不太可能因為一份傳單而動搖想法。

還是有某些更不易察覺的方式、針對個人的戰術資訊作戰，通常有能力執行這點的軍隊，都對此守口如瓶。但是，如果你技術熟練、且對敵方指揮結構有著極為深入的認知，那你可以「欺騙」（假造）敵方指揮官間的通話，例如通過他們的手機，讓每位指揮官都以為他們正在跟另一人通話，但事實上他們都是在跟你通話。

這讓你可以開始深植不信任感或是製造作戰的混亂。一個比較簡單的版本，是和一位敵方指揮官進行私人對話，例如說服他。如果他投降，他和他的家人將被允許安全前往某個地方，過著快樂無憂的新生活。這種類型的作戰非常難以成功——因為這有賴於對敵方關鍵人物的深入了解——但它們可能會是戰術資訊作戰中最成功的類型。

但是缺少這類深入資訊時，戰術資訊作戰可能就只是一種不夠靈活的工具。如果可能，你應該要保持執行這類作戰的能力（包括廣播發射機、傳單印刷機等），但不要對它們的效果抱持太高的指望。

第八章　核生化武器

通常被擺在一起討論的核子武器、化學武器與生物武器，實際上是完全不同的事情。本章將闡述你應該如何思考它們，以及它們的存在會如何改變你的行為。

核子武器因為其一擊毀滅整座城鎮的能力，以及相互保證毀滅的可能性，改變了戰爭的基本計算邏輯。幾乎每個人都同意這種對平民的破壞等級是不可接受的，因此針對核子武器的使用設下強力的國際規約。核子武器充當著巨大的紅線——無論是地理上的，或者對於特定戰爭的干預或升級——是你的敵人不應跨越的。

化學武器具備了顯著的戰術用途——比方說，將地下防衛據點的防禦者趕出來，但它們是無差別的，且也會造成市民死傷。不幸的是，針對化學武器使用的規約從未完善，最近在敘利亞內戰中也曾出現使用狀況。再加上它們在城鎮戰中作為武器的高效能，這意味著在未來的幾十年間，你也許會看到化學武器的使用將會日益增加。

生物武器的狀況又有所不同。大部分專家都認為生物武器的製造、儲存與大規模使用上難度極高，且使用它們可能也會對你的部隊與平民造成跟敵人同等的傷害。簡單地說，作為一種大規模軍事威脅，生物武器普遍被高估了，雖然最近在生物醫學上的發展，很可能諭示我們正進入生物武器運用的新紀元。

核子武器

核子武器可以產生人類有史以來無可匹敵的大規模毀滅。通過利用核反應，它們可以用相對少量的物質，產生出巨大的爆炸能量。雖然核武已經進行廣泛的測試（通常在沙漠、遙遠的環礁或是海洋底下），但實際上只被使用過兩次。

在二戰尾聲，美國對日本城市廣島與長崎投下了兩枚原子彈，從而迫使日本投降。儘管原子彈本身只有四點五噸重，但其爆炸威力卻相當於一萬五千到兩萬兩千噸（十五至二十二千噸當量）的黃色炸藥（普通炸藥）。至少二十萬日本平民與軍人死亡，他們當中是因為輻射傷害而緩慢、痛苦地死去，城市的大部分也被夷為平地。毫無疑問，原子彈的使用在當時及直到現在都極具爭議。

儘管那些炸彈的毀滅性威力已經非常可怕，但現代核子武器的威力可以比這強大好幾個等級。一九六一年由蘇聯所試爆，被暱稱為「沙皇炸彈」，成為有史以來最強大的核子武器。其爆炸威力相當於五千萬到五千八百萬噸黃色炸藥（五十至五十八百萬噸當量）——大約是在日本投下的原子彈爆炸威力的兩千到三千倍。這顆炸彈如此強大——它產生了一個直徑五英里的火球，並震碎了五百六十英里外的窗戶——以至於它必須用降落傘減緩下降速度，讓投下炸彈的飛機有足夠時間逃離。

核武恐怖的威力在國際事務上創造了穩定性——至少對於那些擁有核子武器國家而言是如此。這個概念體現在，沒有任何核子強權會用核武攻擊另一個核武強權，因為報復行動將導致「相互保證毀滅」原則，也就是所謂的ＭＡＤ。延伸這個概念，當核武強權之間的緊張升高時，他們會清楚意識到，升級行動必須在某個程度予以終止，這促使這些國家為彼此間的爭論與衝突設下了界線。

換句話說，核武為國際安全環境創造了一種心理結構。在這種層次的運作下，幾乎所有核子強權都尋求保持一種稱為「可信的最低限度嚇阻」的核武能力，——這意思是，擁有足夠的核子武器（與投射系統），針對自身所遭受的核攻擊，可以足夠的力量進行還擊——比方說，摧毀攻擊者的首都所在地。

與「可信的最低限度嚇阻」相配合的，是大部分核武國家都對自己具體的核武使用立場——也就是在何時與如何使用核子武器——保持一種模糊的態度，以使對手對於他們會如何回應攻擊如霧裡看花。這強化了這個系統的穩定度，因為一個擁核的侵略者不能保證他們的對手會不會反擊，因此增強了相互保證毀滅的概念。

現在的核子武器大致可分成三種規模等級。最大的核子武器威力介於四百至八百千噸當量間，最常見的是約一百千噸當量。這些武器仍然具備非比尋常的破壞力：一百千噸當量核武的爆炸半徑大約是兩公里，在此範圍內的房子都會被夷平，任何可燃物都會被燒毀。緊接而來的是透過帶放射性的落塵（輻射落塵）對於環境的輻射。這些輻射塵會在核子武器使用後的數星期、數月乃至數年內持續奪走人們的性命。

你也許已聽聞很多所謂「戰術」或「戰場」核武的說法，這種武器的破壞力，約在一至十千噸當量之間（相對於此，丟在日本的原子彈為十五千噸當量與二十二千噸當量）。這些武器用於攻擊關鍵的敵方基礎建設，如橋梁、指揮部，或後勤儲存設施上。因為它的威力較低，有些人認為它們的使用比較不會帶來那麼嚴重的結果，因此更有可能被使用，但事實並非如此。所有核子武器都是核子武器，且因為擁核國家在政策上的模糊立場，我們無法確定使用「戰術」核武，會不會導致更大規模的核武報復性攻擊。對於核子武器而言，所有路徑都會導向相互保證毀滅。

在二〇二三年，世界上已知有九個國家擁有核子武器，其中五個國家是聯合國安理會的常任理事國：中國、俄羅斯、法國、英國與美國。除此之外，巴基斯坦、印度、以色列與北韓都進行過核武測試，並保留這些武器以備使用。俄羅斯與美國所保有的核子武器數量最多——這是冷戰的遺物，而且兩個強權都沒有擺脫它——他們各自擁有大約五千到六千枚核彈頭（包含了不同規模的彈頭）。中國有約三百五十枚（規模未知），英國與法國則各自擁有兩百到三百枚（大部分彈頭當量是一百千噸當量級別）。

除了最初直接用飛機投放核子武器的方法以外，還有好幾種核子武器投射系統正在使用中。許多國家擁有陸基洲際彈道飛彈，這些飛彈或存放在飛彈發射井，或在不斷移動的可轉移發射載台上。也有許多國家將核子武器安裝在可以發射洲際彈道飛彈的潛艦上。一個國家選擇採用哪種規模的彈頭與投射方式，取決於他們認定會遇到的最大威脅為何，以及基於避免所有核武在遭到突襲時被一舉摧毀的計畫（也就是所謂的「保證第二擊」）。

俄羅斯與美國都已發展且保有陸、海、空全部三種類型的投射系統。很大程度上這是冷戰的遺物，因為他們擁有的大量核子武器與投射系統，足以夷平兩國每一平方英寸的土地，並毀滅全球生態系統，很可能導致人類的滅絕。英國與法國使用核子飛彈潛艦（法國還有使用飛機），來維持他們力主必須提供給自己的「可信的最低限度嚇阻」。也就是說，這兩國期望在遭受核打擊後能夠存活下來並且能作出回應：他們擁有保證第二擊的能力。

傳統上，中國保有少量的陸基飛彈，這讓他們可以輕易打擊印度或俄羅斯。但是，由於從中國到美國本土有一萬一千公里，以及美國有能力摧毀一些飛行中的洲際彈道飛彈，中國能否對美國進行保證第二擊，仍然不甚明確。因此，鑑於中美之間在二〇一〇年代到二〇二〇年代日益加劇的戰略競爭，中國一直在現代化並擴張他們的核武力量，好讓他們擁有和美國、俄羅斯一樣核三位一體打擊能力：陸基、空基與潛射核子武器，從而保證面對潛在的美國攻擊時，能夠發動第二擊。

核子擴散到其他國家則使局勢更為複雜。也就是說，如果許多國家最終擁有核子武器，或者是在特定地區的競爭者間發生軍備競賽，那他們使用核武，或是擦槍走火的可能性就會增加。在這方面，美國前國務卿喬治・舒茲（George Shultz）或許說得最好，當更多國家擁有核武的時候，對核武的畏懼感就會日益淡薄。

反彈道飛彈防禦系統使得局勢變得更形複雜：如果一個國家能夠保證擊落每一發來襲的飛彈（或飛機），那麼他們就可以毀滅敵人的系統，而且不讓敵人有能力進行反擊。

到目前為止，沒有國家擁有完整的飛彈防禦系統。舉例來說，俄羅斯在莫斯科周圍設下了防空盾，美國則在本土及某些美國西太平洋的領地如關島，建立了覆蓋範圍更大的系統，但這套系統也只能防衛如北韓這類科技較不先進國家的飛彈攻擊，而不能應付俄羅斯的全面攻擊。同樣地，中國具備某種有限的飛彈防禦系統，但它的水準與能力到哪裡，則很少人知道。顯然到了這個時間點，巨大核武強權對彼此而言仍然都是脆弱的，仍然保持著相互保證毀滅的狀態。

這種穩定但脆弱的核平衡到目前還能維持。過去幾十年間，主要是通過軍備控制條約所強化——大部分是在俄羅斯與美國之間。這些條約限制了持有核子武器的數量，限制了短程飛彈（因為它們的發生是無預警的，所以會增加不穩定性），還限制了反彈道飛彈防禦（因為成功的飛彈防衛會減少相互保證毀滅限制的可能性）。

在二〇二〇年代，我們面臨一個更不穩定的世界。這種不穩定的較小部分是來自於中國正在升級他們的核嚇阻力量。更重要的是在川普執政下的美國，退出或終止了各種軍備控制條約，因而鼓勵俄羅斯發展新型極音速飛彈來投射他們的核武器（它從莫斯科飛到華盛頓只需要十五分鐘，因此削減了預警時間）。這種日益增加的不穩定性中的最重要因素，則是許多比較次要的強權——如伊朗和沙烏地阿拉伯——可能考慮要籌獲核子武器。

如果你領導著一個擁有核武的國家，那就持續保有它們。核子武器是你最終的保險政策，它們可以讓你在保衛自身利益時畫下某些紅線，讓人家知道要是有什麼萬一的時候，是有能力這樣做的。在可能的狀況下，你應該致力於和其他擁核國家合作，共同減少核子武器庫存，因為這可以減少核意外的機會。如果你是個非常大的擁核國家（美國、俄羅斯，以及即將取得這種地位的中國），那你應該致力於推動軍備限制協議，因為這能增加國際安全體系的穩定性。

但是有一件關於核子武器的事，你必須了解：由於它們如此具毀滅性，因此有關使用核子武器的心理，跟使用傳統武力的心理是完全不同的。

首先，在一場傳統戰爭中，你使用武器對你的敵人施予最大程度的暴力。相反地，核子武器的目標則是不要使用它們。因此，和敵人的溝通方式會完全不同。確保訊息被清楚理解是很關鍵的，雖然針對在何種具體狀況下會使用核武，可能存在刻意營造的模糊性，但你的敵人必須毫無疑問地相信，如果你認為狀況使得動用核武是合理的，那你就會動用它們。

通常來說，你的政策在某些面向上會十分的清晰。舉例來說，如果你的領土遭到核武攻擊，你將對敵方領土進行核反擊來作為回應。欺敵的概念——在傳統戰爭中無所不在且重要——但在核嚇阻上是不適用的。這是因為對於意圖的欺騙——或者是欺瞞的認知——都會減損核穩定性。你或你的敵人，都不想感到發動保證第二擊的能力正在被削弱。

如果你不是一個擁核國家，那你必須非常清楚思考是否要獲得核子武器。例如，你或許會想說，自己面臨持續的入侵威脅，而核子武器是唯一能嚇阻你的潛在敵人，成為讓他不敢侵犯你的工具（以色列跟北韓會表明這正是他們現在的處境）。

你也許會害怕你的區域競爭對手——你或許已經和他們打過好幾場仗——擁有核子武器，從而讓他們在未來的任何衝突中占據上風（印度和巴基斯坦，以及好幾個中東地區相互競爭的強權，都發現自己陷入了這個邏輯之中）。或者你會想說，自己已經是一個大國，而大國需要核子武器來維持自己的地位（這是法國、蘇聯、英國與中國在美國於二戰末使用核武後的數十年間，獲得自身核子武器的立場）。

生產核武的技術障礙並不是那麼巨大。除非你計畫用一輛卡車將武器運到你敵人的首都引爆，否則投射系統——通常是遠程飛彈——對你的科學家也會產生類似等級的技術挑戰。獲得核子武器的問題幾乎完全是政治性的，其他國家不會想要你擁有它們，而且你很可能已經簽訂了《禁止核武擴散條約》，從而放棄發展核武的權利。

在一九七〇年生效的《禁止核武擴散條約》，是歷史上最廣泛被簽署的軍備限制條約，共有一百九十一個簽署國。它的重點是某種交換，擁核國（這裡的定義是中國、蘇聯／俄羅斯、美國、英國與法國）同意不與其他國家分享核子武器技術，但會共享核能的和平用途利益。他們也同意攜手朝向最終的核武裁軍而努力。作為回報，非擁核國家則同意不追求核子武器。這項協議當時只有三個國家沒有簽署（印度、巴基斯坦與以色列），以及一個退出條約的國家（進行核武測試後的北韓）。

《禁止核武擴散條約》所代表的，是主要的擁核強權不想要其他國家獲得核子武器，因為這會使得既存的脆弱核平衡陷入不穩。他們也會展開重大外交政策行動，包括大規模經濟制裁，甚至是威脅發動戰爭，以阻止其他國家獲得核武。

如果你認為因為上述提及的理由之一，就必須獲得核武，那你就該盡可能秘密地去追求這個目標。儘管如此，想要隱瞞這些主要核武國家實在相當困難，因為這些國家都具備高效的情報運作能力。因此，我們必須清楚假設你的行為會被發現，且你的國家將會被施加壓力——最有可能是大規模經濟制裁，就像我們在伊朗的案例中所見，施壓方式可能還包括了網路攻擊。追求核子武器還有一個微妙之處，那就是如果你在可驗證的情況下，放棄了你的核武計畫，那麼這或許可以讓你獲得大國的讓步（比方說安全保證或優惠貿易協定）。然而，如果你真有辦法達成實用的，且穩定可靠的核武器嚇阻階段，就可以很大程度上保證你的國家不會被另一個強權入侵。

你必須權衡尋求核武是否對你的戰略有利。如果你成功獲得了核子武器，你將擁有了終極的保險政策。但如果你失敗了，你就會因為國際社會體系的摒棄而遭受到戰略性的損失。最終，你可能得出的結論——這是只有身為國家領導人的你才能作的判斷——推進核武計畫，也許並不像你最初想像的那樣符合你的利益。

化學武器

核子武器跟化學武器通常會一起被歸類為「大規模毀滅性武器」，但它們的相似性僅止於在用這兩類武器攻擊軍事目標時，平民都無可避免地會遭到嚴重傷害，進而導致平民極端受苦的事實。

化學武器在戰場上首度大規模使用是在第一次世界大戰期間，當時所有參戰方都使用了化學武器，試著打破敵方戰壕系統造成的僵局——雖然並未成功。據估計，化學氣體造成了約一百三十萬人傷亡，主要透過致盲、窒息、皮膚潰爛造成毀容及傷害（雖然不見得會死亡）。在這個數字中，包含了二十六萬平民的死傷。

在二戰期間，日本人廣泛地使用了化學武器，特別是針對國軍的部隊。另一方面，雖然不是在戰場使用，但納粹政權在大屠殺的毒氣室中使用了不同種類的毒瓦斯，殺死了超過三百萬人，其中大部分是猶太人。這是自從化武被使用以來，造成最大規模的死亡人數。二戰以來，化學武器的大規模使用已經停止，然而在一九八〇年代的兩伊戰爭中，卻有十萬名伊朗部隊成為伊拉克化學武器的受害者。

化學武器大致可以分為四種類型：糜爛性毒劑、神經性毒劑、溶血性毒劑與窒息性毒劑。糜爛性毒劑（如芥子氣）會造成皮膚、眼睛和呼吸道大片起泡潰爛。神經性毒劑（如沙林）會影響神經系統，導致痙攣、痲痺與死亡（如果它們影響到呼吸與／或神經系統）。溶血性毒劑（如氰化物）通過阻止血液中所攜帶的氧氣被吸收。窒息性毒劑（如氯氣）會導致肺部積水從而抑制呼吸。

神經性、溶血性與窒息性毒劑只要濃度正確，可以極快致人於死，但若濃度較低的話，就「只會」造成極為可怕的傷害。糜爛性毒劑需要較長的時間致人於死（一般來說大概是一天左右），且更可能導致傷害而非死亡。所有這四種化武在常溫下通常是液態或凝膠形態，最普遍的投射方式是使用砲彈射擊。

投射它們最複雜的一點在於，一旦你將它們投下去，你就不能進入被攻擊過的土地，直到化學物質消散，或是你願意派遣身著防護裝備的部隊進去為止。另外一個問題——自從一戰以來就很常見，而且經常發生——那就是風向改變，導致你的毒氣反而為己方部隊造成危險。

依據一九九三年的《化學武器公約》，一百九十三個國家禁止使用、發展、生產、儲存與移轉化學武器。在簽署這項公約之際，包含俄羅斯與美國在內的好幾個國家尚有化學武器的庫存，不過在本書寫作的二〇二二年時，這些武器幾乎都已經被安全地銷毀了。擁有世界最大化學武器庫存之一的美國，將在二〇二三年底完成這個任務。二〇一七年，俄羅斯宣稱已經銷毀他們的化學武器，然而使用諾維喬克（Novichok）神經毒劑進行的好幾起暗殺（或暗殺未遂）事件，都讓人質疑俄羅斯是否真的完全摧毀了他們原先擁有的化學武器。

《化學武器公約》有一項例外，許多人力主應該將其納入公約管轄範圍之內：白磷的使用。白磷可以迅速產生非常濃密的煙霧，可以用手榴彈、車載發煙管、迫擊砲或砲彈來投送。它是目前最有效的掩護型化學劑——它甚至可以混淆熱成像系統——能讓你移動部隊與車輛而不被看見。它在部隊發現自己被伏擊、需要迅速撤退且不讓敵軍追蹤其確切動向時特別有用。但白磷可能會導致皮膚燒傷，如果被吸入也可能會造成呼吸道灼傷。

依據公約是否合法的差別，在於白磷的使用方式。如果使用在掩蔽目的（或者有時候用來標誌戰場上的事物，比方說引導飛機進行攻擊），那白磷是合法的。可是，如果它直接用在敵人陣地上並對敵人造成傷害，根據公約這是以化學武器來使用。你可以看到這種差異實在太微妙，以至於在戰場狀況下非常難監管，所以必須相當清楚地告訴你的軍隊，應該如何使用白磷。

我們可以很合理的假設，雖然世界各地的某些國家幾乎肯定都擁有少量的化學武器，但大規模的儲存已經被銷毀。然而，這些少量的化學武器有時仍然會在戰場用於對付敵軍士兵或平民——我們最近就見證到敘利亞部隊使用（大部分是）氯氣來對付反政府叛軍，同時無可避免地傷害平民。

不幸的是，雖然化學武器很野蠻，但它們在軍事上確實有其用處，特別在城鎮戰中更是如此。舉例來說，許多毒氣都比空氣重，因此非常適合殺死潛藏於地下、使用地窖、地鐵系統或其他地下掩體的防守人員。此外，使用化學武器會造成全面性的恐慌，導致防線崩潰——這是完全可以理解的。最後，它們還可以用於封鎖戰場的整個區域（如河谷），以逼使敵人走你希望他們走的路徑——比方說經過雷區。

這種軍事上的通用性，特別是在城鎮區域，再加上易於生產與投射等其他因素，以及多年來的零星使用，導致對它們的使用缺少一套實質性規範。這些都導向一個結論，那就是我們可能會看到化學武器的持續使用——雖然是小規模的。

因此，讓你的部隊準備好應對小規模化學武器攻擊是明智的。以相對較低的成本，你可以發給每個士兵塑膠或橡膠製的化學防護服裝以及防毒面具。訓練他們如何在化學武器攻擊後，除去身上與裝備的污染，相對也沒那麼困難——或是昂貴。透過這些簡單的步驟，你可以確保大部分部隊在化武攻擊中能存活下來。你可能也會希望投資培養少量化學武器專家，分析敵方用來對付你的武器，並幫助你未來的防禦。總而言之，化學防護並非極度昂貴或困難的投資。

那你應該發展或使用化學武器嗎？歸根究底，化學武器的使用必須和你可能從其他國家，包括所謂的「列強」所收到的譴責取得平衡（在內戰中使用化學武器後，敘利亞政府設施就遭到美國、英國與法國的攻擊）。所以，如果你需要其他國家的支持，那你透過使用化學武器贏得的小小戰術優勢，很可能被自己失去認同導致的戰略損失所壓倒。值得注意的是，過去幾十年來大家都沒有使用化學武器。這主要是因為在某種程度上，他們都在尋求其他國家的支持，而化學武器在軍事上的投入使用將會削弱這一點。

生物武器

史上最早有記載的生物武器是大約在西元前一千五百到一千兩百年間，當時兔熱病（一種細菌）的受害者被驅逐到敵方領地，從而導致疫情的爆發。蒙古人會將感染腺鼠疫的受害者，用投石機投擲入被包圍的城鎮。一七〇〇年代，英國士兵故意把天花傳入和他們作戰的北美印第安人與澳洲原住民族群中。生物武器存在的歷史悠久，且被認為既是戰術武器（你可用它來攻擊敵方軍事單位），也是一種戰略武器（舉例來說，用於攻擊敵方首都）。

在現代，唯一有系統性、大規模使用生物武器的，是二戰期間日軍對於中國軍用與民用目標的攻擊。舉例來說，他們將裝了感染鼠疫跳蚤的陶製「炸彈」，投放到城鎮當中。在另一個案例，當日軍要從某個區域撤退時，在食物和水源中散播大量的副傷寒菌與炭疽菌。在這個案例中，大約一萬名日軍自己染病，其中一千七百人死亡。這說明了要駕馭有機生物用於軍事用途的關鍵難處——一旦釋放，它們就很難控制。

生物武器通常是細菌——小型的單細胞有機體——偶爾是病毒或生物毒素（毒藥）。在二十世紀中，包括美軍、英軍與蘇軍在內的好幾支軍隊都發展了廣泛的生物武器計畫：將腺鼠疫、炭疽病與兔熱病等多種有機體武器化（主要是通過飛機噴灑水滴進行）。它們的潛伏期大約為三到五天，未經治療的致死率高達百分之六十到百分之八十。大部分軍隊視炭疽病為最嚴重的生物武器，雖然有疫苗可用，但這些疫苗通常不會發給部隊，且疫苗接種需要超過十八個月才能使百分之九十的接種者產生免疫力。

理想的生物武器是能將有機體或其孢子投射到目標區域當中。理想狀況下，你期盼擁有一種可以直接導致疾病細菌，卻不會創造二度的人傳人感染，否則你就要甘冒引發一場無法控制疫情的風險，且你自己也很有可能成為受害者。你還需要具備為你自己的士兵接種防衛自身生物武器疫苗的能力，從而最小化引火焚身的風險。

這引出了使用生物武器上的一個關鍵問題：如果使用高致命性的細菌或病毒，很有可能對你和敵人同時造成重大損害。可是如果選擇一種你可以接種疫苗預防或可以控制擴散的有機體，那你的敵人也可能擁有同等能力。

就是因為這個問題，以及生物武器通常要幾天時間讓目標發病（有機體的潛伏期）的原因，讓軍隊得出一個結論，那就是生物武器太難進行廣大範圍的使用，且其麻煩遠遠大於價值。

與這一章所討論的其他「大規模毀滅性武器」相似，生物武器的使用——特別是對平民百姓，以及伴隨而來的意外傳播風險——會被大部分人民與國家認為是無法接受的。任何使用生物武器的國家，極有可能立刻變成國際上被唾棄的對象，並喪失對其戰爭目標的任何支持。（這個結論不適用於恐怖分子，因為生物武器的潛伏期，正好提供他們在脫逃時間上的優勢，他們也比較不關心附帶損害、反作用或是認同。）

生物武器的軍事用途要面對的障礙，是一九七五年由一百八十四個國家簽署的《生物武器公約》，與後來簽署的《化學武器公約》相似，該公約禁止使用、發展、生產、儲存與轉移生物武器。它似乎建立並強化了針對生物武器的強力國際規範（我要重申，該公約顯然不適用於最有可能使用生物武器的非國家行為者或恐怖分子集團）。

可是，我們是否會再次看到生物武器的使用，仍然是個沒有結論的問題。就算不考慮恐怖分子或死亡邪教之流——這些人在現今也許是生物武器的最大風險來源，也有好幾種發展中的技術，會提高生化武器對國家的實用性。

最重要的發展是便宜且迅速的基因編碼的研發。理論上，且就我所知還沒有人這樣做，可是對病毒或細菌進行基因編碼，會強化有機體的特性（並減低其弱點），因此讓它成為更有效率的武器。舉例來說，基因編碼能讓一個國家減少某種有機體的潛伏期，並增加其致命性。

現今生物醫學科技的發展如此迅速，以至於它會在未來三十年完全改變醫學的面貌。除了上述相對普通的變化以外，這些發展還將會在生物武器方面開啟全新而恐怖的可能性。我們未來可能會具備「設計」針對特殊種族群體，或是吃某種特定食物的人的有機體的能力，這並非完全不可能。或者，也許有機體——例如炭疽熱——可以透過編碼以逃避現在的疫苗，而在此同時，為你的部隊發展出一種有效的疫苗。

或者，可以設計一種有較長潛伏期、且相對低死亡率的有機體——類似於新冠病毒——用於在較長時間內癱瘓一個社會，好讓對手有攻擊契機。這種可能性只會由我們的創造性所侷限。

——

核生化武器代表了一種獨特的威脅方式，你應該要以不同於本書其他部分描述的「常規」戰爭擘劃方法來區別面對。如果你擁有核子武器，那必須要非常謹慎思考向對手傳達的戰略信號。最重要的是，你應將所擁有核武用於畫下一條防止衝突升級的紅線，從而促進整體國際安全穩定。因為長達七十五年對於核穩定性思辨及對相互保證毀滅的廣泛恐懼——阻擋了意外事件或擴散——這種「核子和平」應該可以持續才是。

令人遺憾的是，化學武器或生物武器就不是這麼一回事了。化學武器具有實際的軍事用途，並且可以對相對小的區域產生立即效果。因為這些原因，加上針對化學武器的全人類範圍規範從未被認真執行超過幾年（這意思是說，它們從未真正起作用），所以化學武器很有可能會繼續被使用，雖然是以小規模的方式運用。

生物武器則又是另外一種狀況：它的不使用規範是建立在發展科技層級比較低的時期，當某些國家想尋求對其他國家的競爭性優勢時，這可能會面臨越來越大的壓力。即使如此，就算是「經過設計」的生物武器，其使用還是存在巨大的問題，因此許多國家對於生物武器的使用都極度謹慎。

這些有關生化武器的簡單事實，解釋了為什麼你必須訓練和裝備你的部隊，讓他們能在小規模生化攻擊下生存下來——至少要配備防護衣和防毒面具，並且具備對士兵本身與裝備的除污能力，以使他們可以繼續作戰。你的部隊應該接種能針對如炭疽熱等存在的生物戰劑的疫苗。但是你不該使用它們，原因已經在本章前面提及了。

第三部

如何打好一場戰爭

Part 3

HOW TO FIGHT A WAR

第九章　使用致命暴力的藝術

在本章中，我試圖回答一個貫穿本書的問題：我們如何在地面上作戰？在此我會描述將道及指揮戰爭協奏曲的藝術，以展示如何使用前面章節所建立的基石：包括你已建立的無形基礎——戰略、後勤、士氣與訓練——，以及你已發展的有形戰力——在地面、海洋、天空、太空、網路與資訊領域——，以在戰場上擊敗敵軍。本章將會說明你應該在何時使用某些戰力，以及為何要使用它們（除了核生化之外）。

戰略、論述與士氣

首先要思考的是你為自己設定的戰略目標，以及透過使用致命暴力所試圖強化、更廣泛的論述。你想要懲罰對你施加惡行的敵人政府，並希望讓更廣大世界相信你的理由是正義的嗎？也許你是想從暴政手中解放一群民眾？你是在防衛你的國土或海外領地嗎？你是否是國際聯軍的一員，執行聯合國的任務授權以保衛平民免於種族屠殺嗎？你是否想要兼併鄰國，因為你相信它不該是個獨立國家嗎？

雖然在發動任何軍事行動之前，你已經決定了你的戰略與相對應的論述，但你要發動戰爭的特定方式——解放、兼併、執法、防衛、維和等——在某種程度上會對你在應用致命暴力時的殘忍程度設置界線。

這些界線不只記載在要求你的將領遵守的正式命令中，而為你的士兵設定投入戰爭的論述時也很重要——他們必須清楚了解你希望達成的目標，他們在戰爭中的角色，以及他們要怎樣行動以促成勝利。

舉例來說，想像一下你現在包圍了數以萬計的敵方士兵，你是否選擇把他們每一個人都全部殺光；還是迫使他們投降，又或者是創造某種情境促使他們臨陣脫逃？這很大程度上取決於你希望如何解釋對於暴力的使用。

如果你是在防衛國土的話，那廣大世界很有可能會原諒你殺掉數以萬計被包圍的敵人。如果你是參與聯合國維和行動，這種行為就很有可能不會被接受。在這種情況下，最好還是逼他們投降。

這部分的一個重要例子發生在第一次波灣戰爭期間。一九九一年，以美國為首的聯軍將伊拉克部隊逐出科威特市後，這時他們有機會對於途經通往伊拉克南部的八十號公路往北撤退的數以千計的伊拉克士兵展開攻擊。聯軍下令執行這場攻擊，摧毀了大約兩千輛伊拉克軍用車輛，並殺死了大約一千名伊拉克士兵（儘管實際死亡人數沒人能確定）。這起事件現今仍然頗富爭議，且有許多中東人士認為這些士兵正在撤退、不應該被攻擊，儘管美國堅稱——合乎戰爭法——他們是在攻擊合法的軍事目標，這些目標是入侵且占據了另一個國家的軍隊。

最後，這也是為什麼你的資訊作戰論述——這就是它所要辦到的——在這時候必須經過深思熟慮，因為它會對你的部隊造成影響。你應該仔細思考，為什麼會要求你的部隊冒著自己，以及朋友的生命危險。而且這個論述須盡可能與他們在戰場上曾經歷的經驗相符，尤其是當他們要開始承受傷亡的時候。

如果他們被告知自己是要從專制且邪惡的政權手中解放一個國家，但當他們進入該國城鎮與村落時，當地的平民百姓都起來反抗並攻擊他們，你就要開始承受士氣低落以及戰鬥意願衰退的苦果。

因為部隊被告知的情況與實際經驗的不一致，可能會導致士兵產生長期的心理衛生問題。尤其因為這種不一致是在作戰這種極度高壓環境所產生的，一旦士兵目睹生命喪失及人們遭到可怕的傷害，這種心理落差會更加嚴重。我認識一些在阿富汗服役的英軍官兵，因為官方論述和自身經歷的不一致而罹患嚴重的心理問題。

這樣的觀念也可以用來解釋你要如何指揮作戰以影響敵人的心理——特別是跟你站在對等地位的敵軍指揮官。這種戰場指揮方式——被稱為「作戰藝術」——極度仰賴對人性的深刻理解。它確實是種「藝術」，而你做為指揮官的判斷，將會導致成功與失敗的天壤之別。

作為指揮官，你的領導統御必須總是根植於心理層面，並且將你的行動立基於那些能最大擾亂敵方指揮官的基礎上。身為地面指揮官的你，可以採用的選項只有你的想像力才能限制了它。

所有採取的行動將基於你的判斷和經驗。有時候摧毀一支敵方菁英部隊會影響整體軍隊的士氣，有時候繞過敵方戰鬥部隊直接打擊其後勤，會導致敵軍崩潰，有時候用砲兵釘死敵方單位的同時，摧毀對方的指揮與管制系統，會讓他們的決策失據。但你必須總是思考你的最終目標：造成你敵人的心理崩潰，特別是敵方的指揮官。

你在戰場上做的每件事都是敘述故事的一部分；這種故事部分是透過你的實質「軍事」行動來表達，部分則是透過你的資訊作戰來展現。人類透過故事來理解事件——特別是複雜的戰爭。這或許聽起來驚人甚至恐怖，因為你甘冒士兵的生命風險，並試圖殺死無數敵軍，只是為了講述一個故事，但這就是能打贏戰爭的指揮官和打輸戰爭的敗將之間的差異之處。

如果作為全軍總指揮官的你，可以講述一個你的部隊、敵方部隊與其指揮官，以及全世界公民都能理解的故事，那你就是位成功的軍事領袖了。

舉例來說，你希望講述一個故事，你的軍隊強大無比，無論發生什麼事都會不斷前進，敵人無論做什麼都會被無情粉碎，因此抵抗是毫無意義的，應該早早放棄這種念頭。你也許可以稱之為「蒙古帝國式」的故事論述。

傳達這類故事的一種方式是發動龐大、非常強力的攻擊，使用大量砲兵與飛機，還有大批有戰車支援（希望如此）的部隊，來徹底輾壓敵人的陣地。你的軍事行動將成為你講述這個壓倒性強大力量故事時的後盾，透過媒體（想想大量火箭射向天空的壯觀景象）以及你和其他世界領袖會談時來傳達這個故事。

關於這點的一個最好的示範發生在二〇〇〇年。英國部隊介入獅子山共和國支持政府對抗叛軍「革命聯合陣線」（RUF）。英軍始終試圖傳達一個訊息，他們是一支使用直升機、快速噴射機、高度訓練的傘兵的壓倒性軍力，以清楚表明跟他們作戰是毫無意義的。他們成功擊敗了叛軍，並奠立了和平的基礎。在二十年後寫作本書時，這樣的和平依然維持不輟。

另一方面，你也許會希望說一個故事，你是如此靈巧機敏，而你的敵人是隻笨重的巨獸，無法對此做出快速反應——這可以稱為「大衛和歌利亞式」的敘述。一種講述這種故事的方式，是嘗試在某個單點突破敵人的戰線、穿透他們，從而導致敵方大混亂。或者，你也可以在某個地區對敵人發動猛烈攻擊，然後轉移到另一個攻擊軸攻擊對方，從而營造出一種你掌握了戰鬥節奏，而你笨重、緩慢的敵人只能被動應對的印象。

真主黨在二〇〇六年與以色列的衝突當中，就把這件事做得非常好。儘管有強大的以色列軍事行動試圖阻止他們，真主黨仍然持續對以色列目標發射火箭彈。最終聯合國斡旋了停火，但許多外部觀察者認為這場戰爭是真主黨的「資訊戰勝利」（這也引發了以色列武裝部隊進行廣泛的內部討論，試圖從這場衝突中學到教訓）。

當然你也可以訴說其他說法，但不論在什麼狀況之下，你都應該盡可能講述一個所有人都能理解的故事。這樣做可以讓你的部隊成為故事的一部分，如果成功的話，你還能夠把這個故事強加給敵方部隊與指揮官，使對方加入他們不願成為的故事的一部分。

更廣泛的說，世界上的受眾會依據你的說法來理解你的戰鬥與勝利。如果你可以利用戰場上的行動來強化你對這場衝突試著描繪的說法——也就是第七章描述的資訊作戰——那麼你就贏了這場戰爭。

你的作戰部隊應該要多大規模？

一旦你已經設定好戰略及讓廣大世界與你自己軍民接受並相信的論述，你就必須思考某些有關地面戰爭的基本數學原則。這些數字是地面戰鬥千古不變的限制條件——舉例來說，如果你沒有足夠的部隊，那你就會失敗——但這些事實往往被過度自信的政治領導人「當作不存在」。你不該犯下這種錯誤。

在最高層級上，你應該要考慮軍力比——你的部隊數量和你敵人部隊數量的對比。這基於一個簡單的前提：防禦要比進攻更為容易。普遍的經驗法則，在技術水準相當的狀況下，你在攻擊時必須擁有守方三倍以上的兵力（三比一）。在複雜的城鎮環境中，這個比例甚至可能會上升到五比一，甚或十比一。當然，如果一方擁有砲兵或空中優勢而另一方沒有的話，比例就會有所不同。

隨著你的推進，你需要不斷增加部隊的數量，因為你必須衛戍後方的敵人聚落，以及後方的交通線（道路、鐵路、橋梁等）。這會造成人力的極度吃緊。占領一個不友善的城鎮，可能需要當地人口十分之一的部隊來衛戍。隨著你的推進，維持兵力比將會變得極度困難，因為你必須在保護你的補給線（如果補給線被切斷，會讓你的作戰停頓）與在面對敵人的前線維持足夠的部隊之間持續保持平衡。

從這些粗略數據中你可以觀察出來，一個軍隊的規模很快就會達到數十萬人。這還沒有考慮到你受傷、陣亡或疲勞的士兵——所有這些人都需要補充替換。此外，你應該考慮維持一支戰略預備隊——規模大概是總兵力的三分之一，以應對戰爭中無可避免的突發狀況。

在冷戰期間，北約與華沙公約組織（蘇聯的聯盟體系）在歐洲各自部署了約三百萬部隊。雙方都無法達到有辦法在傳統戰爭中壓倒對方的軍力比。這也是核武在冷戰期間變得如此重要的原因之一。

兵力不足將迫使你在戰場上只能採取次佳的選項——讓你的補給暴露在無人衛戍的風險下，留下一個防禦薄弱的側翼，或是當你應該要使用戰車和步兵時，只能仰賴砲兵來贏取勝利——這會讓你更加暴露在敵人攻擊之下，並導致更多傷亡。這問題在二〇二二年俄羅斯入侵烏克蘭期間持續地困擾他們。俄羅斯在多條戰線上只用十五到二十萬部隊展開攻擊，遠低於其所需的兵力，結果就是俄羅斯無法產生足夠高的軍力比來壓倒烏克蘭的防衛者。

你也許可以把其他地方的部隊集中過來，以在有限地區緩解部隊缺乏的問題，並暫時達成「壓倒性優勢」，然後再把你的部隊移動到其他地段，不斷重複這樣的小聰明手段。由於你的敵人也會試著對你採取這種戰術，所以巧妙地擬定作戰順序及進行欺敵是最為重要之事。然而就整體而言，沒有足夠部隊還是會陷入一種惡性循環，因為你得被迫冒險使用手頭上有限的兵力最終就會過度耗損。

這些計算提供了一個簡單的方式，讓你評估你的部隊是否可以達成其目標。它們無法被忽視，如果你沒有足夠的兵力，你就應該重新思考你的作戰範圍，否則失敗的可能性會很高。而當你確定軍隊的規模，你的工業基礎與貿易系統還必須生產和運輸足夠的燃料、軍備和裝備，給你在戰場上作戰的部隊。

你需要怎樣的作戰能力？

當你決定完部隊的規模，下一步就是確保你擁有適當的作戰能力以及受過訓練的部隊來擊敗你的敵人。

首先，考慮你必須穿越的地形：舉例來說，如果當地有很多河川，那你就需要大量的架橋裝備。你的軍隊可以從事山岳戰鬥嗎？你打算怎樣讓你的裝甲車輛越過敵軍首都周圍的爛泥沼澤？你必須在軍隊跨越發起線、開始進軍之前，就思考這些議題，並時刻想著：「是否有某種地形因素會阻礙我的軍事行動，如果有，我該怎麼減輕這種因素？」

第二，你必須思考敵人的作戰能力。首要的是，他們是否擁有空中力量？如果你正在攻擊他們，你必須盡可能率先贏得制空權——這指的不只是摧毀對方的飛機，還包括摧毀他們任何防空設施，以及癱瘓他們的機場，讓它們無法使用（你可能不想要永久摧毀機場，以便你後續可以使用——一個選項是使用集束炸彈在跑道和滑行道上炸出坑洞，這會讓它很難修理，但並非完全無法修復）。

研究你敵人的空中作戰戰力，這會非常以技術化導向。舉例來說，俄羅斯的空對地飛彈是設計來鎖定北約雷達的特殊頻寬。這在入侵烏克蘭時成為一個嚴重的問題，因為烏克蘭人最初都仰賴俄羅斯設計的防空系統，後來才獲得西方系統的補充。你真的必須非常審慎思考你要和誰作戰，並通常需要提前數年進行規劃。

如果你不能摧毀敵人的空中戰力，那你必須確保可以在空中與其抗衡，這可以透過你自己的裝備或者（比較有可能）為你的部隊裝配大量防空飛彈來實現（單兵攜帶式防空飛彈相當便宜，且易於分發給部隊，但如果要防禦飛彈攻擊，則需要比較大型、車載式的防空系統）。如果對方有大量廉價的小型無人機，你的防空系統能打擊它們嗎？如果不行，那你需要在抵達戰場前獲得這種戰力。

接下來，你必須仔細分析敵人的地面部隊的戰力和兵種均衡性——也就是步兵、砲兵與戰車這三種形成所有地面部隊核心的兵科。基本上，這個分析階段是要了解敵軍的能力，並確保你可以有效應對。

首先是砲兵。對方砲兵的最大射程跟你的相比起來如何？如果存在明顯的差距——例如，對方最大射程是一百公里，你卻只有三十公里——那你要麼是獲得更遠射程的砲兵，要麼是用某種方式來壓制對方的砲兵，比方說使用武裝無人機或直升機。否則，敵人將可以在遠距離之外就阻擋住你的步兵，而最重要的是，他們將可以攻擊你的後勤，你卻對此束手無策。單單這一個因素就足以導致你的作戰陷入停頓。

第二是兵種平衡。敵人的部隊是否失衡？相對於步兵的比例，他們是否戰車數量過多？那就確保你的部隊擁有並分布足夠的反戰車系統。敵方是否步兵過多卻欠缺戰車與砲兵的保護？那就審視你有沒有足夠的砲兵以及合適類型的彈藥，可以對付大量步兵。敵方是否砲兵過多而戰車和步兵較少？仔細思考你可以用什麼戰力來限制敵方砲兵的彈藥供應。

第三，你必須思考敵人也許會擁有的任何專業作戰能力，並確保你有辦法加以反制。也許他們能布設非常有效的雷區，或是你也許要擔心他們擁有化學武器。必須對敵方戰鬥部隊的每個因素進行分析，並相對應地調整你的部隊。

任務規劃與欺敵

現在，你已經擁有對應希望擊敗敵人的合適軍隊規模，而這支軍隊具備適當的戰力比例，能夠擊敗敵人。那麼現在是時候制定計畫，並對你的部隊發號施令了。

首先需要關注的是，你希望對於你的敵人、特別是敵方指揮官造成的心理影響。這在一定程序上取決於你的軍隊類型——如果你只能派出一支訓練貧乏的徵兵軍隊，那你唯一的選擇就是打一場消耗戰，迫使你的敵人撤退或是死亡（消耗戰是種以緩慢著名的戰爭形式，只有當你相比敵人擁有壓倒性的部隊人數優勢時才適用，而且通常只由訓練不足的徵召兵軍隊採用，因為他們不能執行更複雜的作戰行動）。擁有超過一百萬人軍隊的北韓，就是準備要打消耗戰的。

一支比較高訓練程度、擁有現代化裝備、特別是飛機或無人機的軍隊，在執行變化多端的機動戰有比較多的選項與彈性，其目標是打擊敵方關鍵機能（通常是他們的指揮所、通訊與後勤），以毀滅他們的戰鬥能力。這將迫使敵方指揮官或政府撤退或投降，使你能夠在不用殺死每個敵方士兵的情況下贏得勝利。

一旦確定這點，你就需要優先考慮想攻擊哪些敵軍部隊。假定你的整體目標是占領敵軍首都並建立你自己的統治，阻擋你的是二十五個敵軍師（大概相當於二十五萬人的部隊）。你要首先攻擊哪一點，體現了一個軍事規劃的關鍵概念：序列性 vs 並行性。換句話說，你要同時攻擊所有敵軍，還是依序展開攻擊？

如果你的後勤允許，同時攻擊數個敵方部隊可以帶來幾個優勢。最重要的是，它有可能會使敵人的後勤與處理死傷者的能力負荷不過來。這也意味著，敵軍比較稀有的裝備——如火箭砲、直升機，或是偵蒐部隊——只能被某些部隊使用，而不能同時為其他人所用。但最重要的是，同時攻擊可以使敵人的能力過載、無法迅速做出決策，特別是當他們仰賴階層式的指揮體系，所有主要決策都必須由指揮層峰做出的時候。

但更有可能的狀況是，你的作戰受到與你敵人同等的限制條件，因此必須考慮依序發動你的攻擊。雖然被迫這樣做，你仍然應該盡可能讓敵人的決策能力負荷不過來，削弱他們的防衛能力。達到這點的經典戰術——人類從集體狩獵的氏族戰爭時代就開始使用——就是奇襲你的敵人，或是欺瞞他們你的真實意圖。這種戰術的方法雖然和發動攻擊的方法一樣非常多元，但廣義上來說，欺敵大致可分成兩種類型：增加模糊性的欺敵，與減少模糊性的欺敵。

（參見**圖 7**）

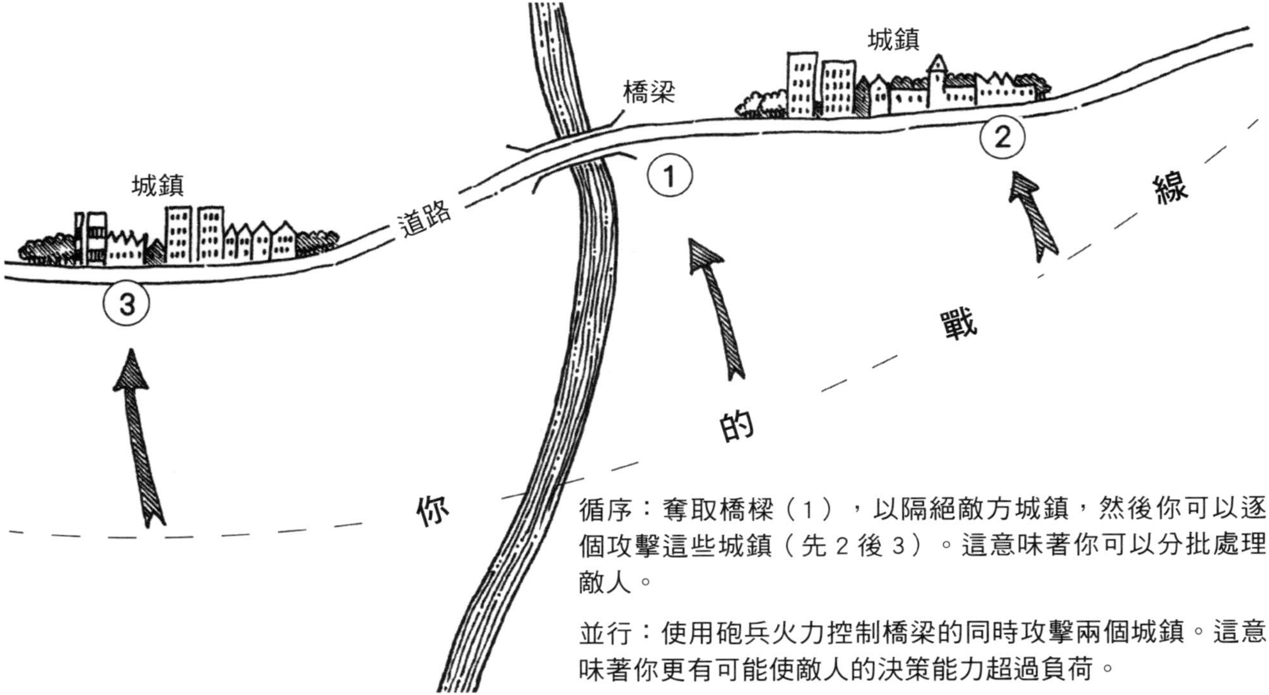

循序：奪取橋樑（1），以隔絕敵方城鎮，然後你可以逐個攻擊這些城鎮（先 2 後 3）。這意味著你可以分批處理敵人。

並行：使用砲兵火力控制橋梁的同時攻擊兩個城鎮。這意味著你更有可能使敵人的決策能力超過負荷。

圖 7　序列性 vs 並行性

這兩種類型都立基於戰爭的一個核心事實：戰爭是複雜且模糊的（即所謂的「戰爭迷霧」），而你別無選擇，只能依據不完全的資訊來作出決策。如果你希望增加敵人的模糊感，那你就必須在他們面前呈現出你可能採取的多種行動選擇。因為他們不知道你的確切計畫為何，所以他們的決策能力將會受到癱瘓。如果你希望減少敵人的模糊感，那你就必須讓他們相信你意圖採取某種行動方針，但事實上你心裡另有完全不同的計畫。戰場上的所有欺敵，都是這兩種概念的巧妙交融。

無論是增加模糊性與減少模糊性的欺敵，都仰賴於同樣一套的戰術選擇（其中的變化幾乎是無限的）。最為人所知的方法包括佯攻，也就是在一個地方發動攻擊，而主力攻擊卻落在另一個區域。空城計，在某個區域集中部隊，而主力攻擊卻落在別的地方，以及行使詐術，提供敵人錯誤資訊，讓他們預測的發展跟你的計畫完全不同。

在戰術層級上，這種欺敵也可能涉及製造虛假「單位」或是假無線電通訊網。最簡單的方式是在某個地點集結部隊，卻在另一個地點發動攻擊，或是佯裝「撤退」，事實上卻發動一場猛烈的逆襲。這些戰術從人類開始戰鬥以來就一直使用：例如，每個英國學生都知道，在一〇六六年的哈斯丁之戰，諾曼軍隊反覆佯裝撤退，以引誘英軍從較高處的防禦陣地下來，然後加以殲滅。諾曼人贏了，而英倫三島從此改變了面貌。

因為網路、特別是社群媒體的發達，我們現在擁有非常有效的資訊傳播方式——你的戰場形塑策略可以是在一個區域展示你的軍事活動，同時在另一個區域進行資訊封鎖，從而把敵人的注意力吸引到前者。

如果你可以產出足夠多敵人被摧毀裝備與陣亡士兵的影像，那你也可以使用社群媒體來對敵方部隊散播恐懼與恐慌。二〇二二年，烏克蘭部隊在該國東北部的哈爾科夫地區突破俄羅斯戰線時，就製作並散布了許多俄羅斯車輛被摧毀的影片。這使得突破變成一種潰退，讓俄羅斯軍隊的士氣崩潰，許多士兵拋棄了他們的陣地與裝備。

就像在戰略層級般，在戰術層級上奇襲你的敵人或是欺騙他們，比起用消耗戰試著殺出一條血路，可以是更快達到勝利的途徑。

可是，在戰場上奇襲對手是說來容易做起來難。當攻擊你的主要目標——也就是你的主攻方向時——你必須使用壓倒性的力量來達成勝利。換句話說，你必須「猛力一擊，而非零星攻擊」（英國皇家裝甲兵團的學說）。但就算如此，裝甲部隊——戰車、裝甲步兵與砲兵——在考慮後勤與維護需求下，每天最多只能推進約三十公里（這還是在沒有激烈戰鬥導致拖延的情況下）。

簡單的數學會告訴你，到達你的目標需要花費多久時間，而這種時間延遲，再加上無所不在的現代感測設備如無人機與衛星，都意味著我們很難在不被發現的情況下（並受到阻撓），集結足夠部隊並投入使用。

再說一次，後勤、戰鬥空間管理以及命令

在任務規劃階段，你必須——再一次地——考慮後勤。你也許擁有最大膽無畏的計畫，機動迂迴敵人的部隊並打擊敵人的後方，但如果你想不出當部隊深入敵人後方時該如何補給他們，那你就必須思考另一個計畫。

後勤規劃的嚴酷現實——以及你必須運輸的大量物資——意味著軍隊的後勤要求極有可能決定你的戰術計畫。舉例來說，你的某些首要目標也許不是敵人部隊，而是橋梁、道路與鐵路機廠。你的戰車與步兵也許具有越野作戰能力，但軍隊的其他部分都會被限定於道路網——所以大部分的戰鬥都會發生在接近主要幹線的地方。

一旦你擬定了後勤可以支持的計畫，接下來就是要劃分你要實施作戰的區域——軍事術語上稱為「戰鬥空間」——並分配給你的部隊與單位。不同的單位（與其指揮官）之間設有界線，未經「擁有」該戰鬥空間的單位允許，不得越界或是開火。分辨敵人單位間的界線並針對這些界線或空隙進行攻擊是合理的——這會讓敵軍更難協調應對。

戰鬥空間管理的首要重要性在於防止你誤擊自軍單位，同時也確保你不會干擾鄰近指揮官的計畫（也許他們正在靜待敵軍在某個地點集結，以便將對方一網打盡）（參見**圖8**）。

你也應該要銘記，戰鬥空間的管理是立體的。地面部隊頭上的空域也是爭奪激烈，而且不只是飛機、直升機與無人機——每次你的地面部隊發射迫擊砲、火砲或飛彈時，空域都必須要排除衝突狀況，以免誤擊到你自己的飛機。

一旦你解決了前述的問題，那就是發布命令的時候了。如果你的軍隊比較階層分明，那你的高階指揮官就得詳細規劃你的小型化戰鬥部隊要如何行動。最好的建議是採用「任務式指揮」的領導統御形式，即各級單位向下屬單位傳達全盤計畫，賦予他們目標，但不過度干涉目標如何達成的細節。你的命令應該在軍隊中從上而下傳達——從軍團、軍、師、旅到營，再一路到連、排與班——每個層級都要思考自己在計畫中的角色，以及他們如何最有效達成目標。

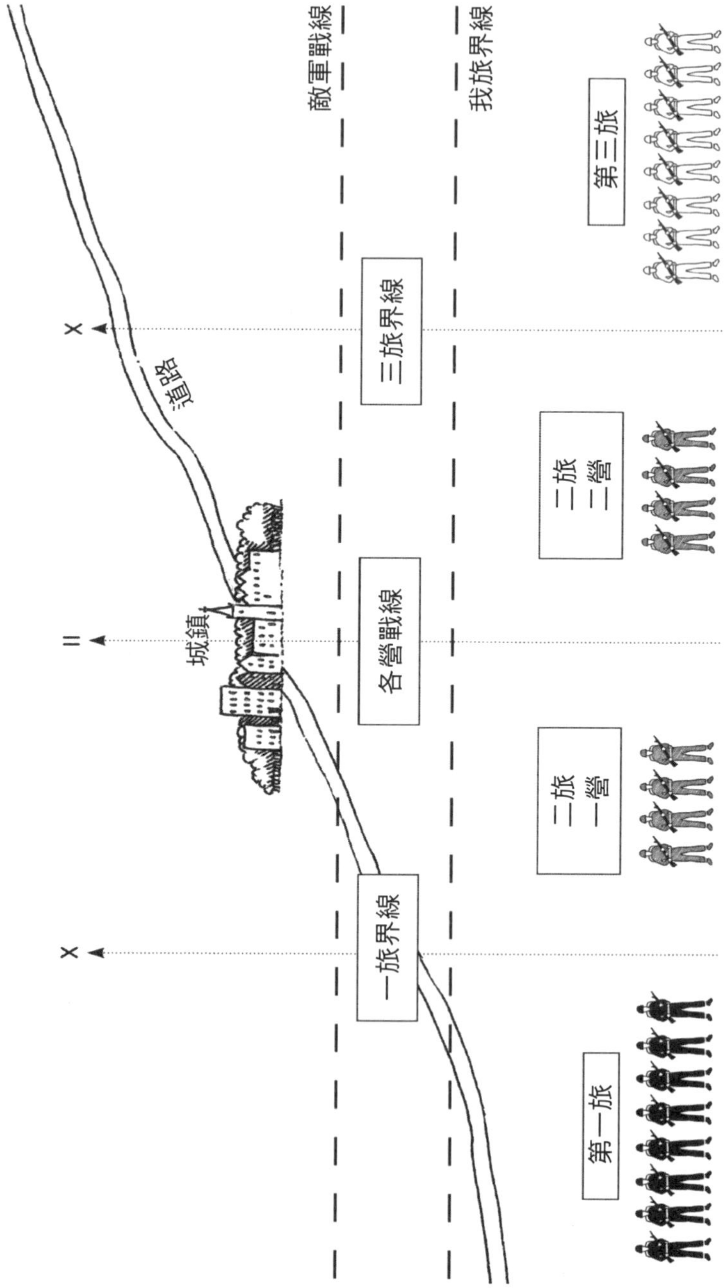

圖 8　戰鬥空間管理

控制天空

除非你擁有一定程度的空中優勢，否則你會發現極難削弱敵方的領導層、通信、後勤、基礎設施和關鍵資產，並有效地進行導引控制。完全的制空權意味著你可以讓你的航空器飛到任何地方，包括敵方地面部隊控制的領土上空。當法國在二〇〇四年加深對於象牙海岸的干預之際，他們做的第一件事就是毀滅這個國家的小型空軍，然後才是派遣三百名地面部隊進駐。

要獲得天空的控制，你需要採取幾項行動。首先，你必須攻擊敵人的防空系統，最好是用飛彈攻擊。但你也應該削弱他們的雷達系統，以及軍用（甚至是民用，以防他們將其轉為軍用）空中交通管制系統的其他部分。敵軍可能還擁有大量的單兵攜帶式、肩射式防空系統（稱為「人員攜行式防空飛彈」，MANPADS）。MANPADS的最大射擊高度約兩萬英尺，因此一旦你摧毀了大部分對方防空系統，你的飛機只要飛得夠高就能保持安全。

接著，你應該要攻擊敵方航空裝備，如飛機、直升機與無人機等，這些裝備可能會攻擊你的部隊或後勤。這通常會和你削弱或毀滅他們的航空基礎建設同時進行——包括機場、跑道、滑行道、機庫，以及航空後勤如燃料儲存槽（儲存槽通常是在地下，所以你將需要使用鑽地炸彈）。

此時，你需要做出決定：你想要完全摧毀敵人的航空基礎設施，讓它們永久不能再使用，還是計畫奪取敵方機場與其他設備，以便在接下來的戰役中可納入我方資產？如果是後者，你仍然需要摧毀他們的防空系統，但是只要用集束炸彈把跑道炸得坑坑洞洞就好，日後會相對容易讓它們重新投入使用。

形塑戰場

現在你可以開始部署致命暴力了。一開始該做的是所謂的「形塑作戰」，這是一個戰鬥、作戰或戰爭的階段，目的在於限制敵人的未來選項。達成這點的經典方式是鎖定並摧毀敵人的指揮中樞、通訊網、後勤，以及關鍵基礎設施。攻擊指揮中樞並摧毀總部，可以開始削弱敵人的決策能力。攻擊敵人的通訊手段，則可以阻礙他們對於戰場局勢的理解，以及指揮戰鬥的範圍（參見**圖9**）。

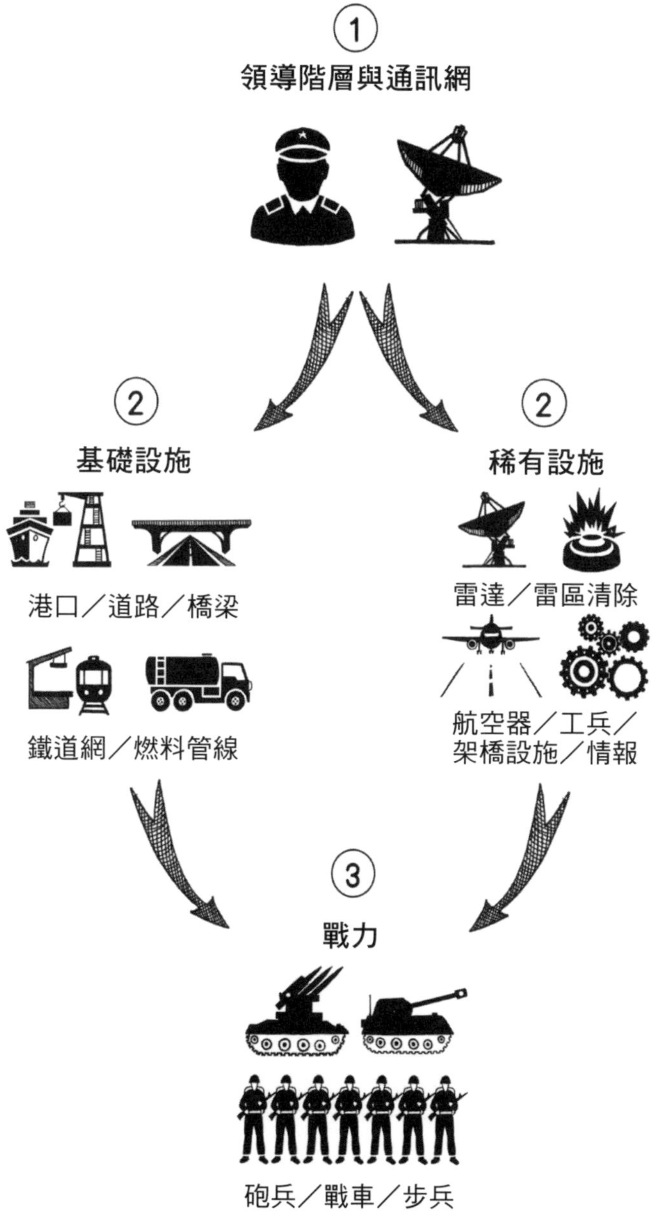
①
領導階層與通訊網
②
基礎設施
港口／道路／橋梁
鐵道網／燃料管線
②
稀有設施
雷達／雷區清除
航空器／工兵／
架橋設施／情報
③
戰力
砲兵／戰車／步兵

圖 9　目標層級

在這個階段，你可能要使用空中武力尤其包括飛彈，或特種部隊襲擊（特種部隊通常只會用於非常高價值、具象徵性或戰略層級的敵方目標）以及攻擊性網路作戰。這些「打擊」作戰應該要搭配資訊作戰，以誤導敵人對於你的行動的判斷。

如果可能，你應該不只關注戰場通訊，還要嘗試毀滅、干擾或誤導他們的戰略通訊——如果你的敵人是個強國，這意味著你不可避免地要攻擊對方的衛星群與海底光纖電纜。當你剝奪了敵人的高端通訊能力，他們就得被迫使用其他的通訊手段。這些手段通常比較容易攔截，也比較不安全。理想的情況下，你需要摧毀足夠多的通訊建築，迫使敵人只能使用手機或未加密的無線電來保持聯絡。在阿富汗，北約部隊有時候會封鎖手機網路，迫使塔利班戰士使用簡單的無線電和衛星電話，而兩者都更容易被追蹤。

總的來說，攻擊指揮、控制與通訊（也就是所謂C3）可以使敵方軍隊分崩離析，將軍拆解成師、師再拆解成旅，依此類推。這也會開始削弱敵軍的士氣，因為敵軍對於戰場局勢的理解愈來愈模糊，且反應能力也變得益發薄弱（我們可以理解成是打進對方的OODA循環（參見**圖10**）。人類——特別是士兵——喜歡確定性，如果你剝奪了這種確定性，他們的壓力就會大幅增加，而他們的戰鬥效率也會大幅下降。

在戰鬥過程，你試圖比敵人更快地做出決策。任何能減慢他們的 OODA 循環（例如，摧毀他們的通信）並加快你的 OODA 循環（例如，通過更快地做出決策）的行動，都會給你帶來優勢。

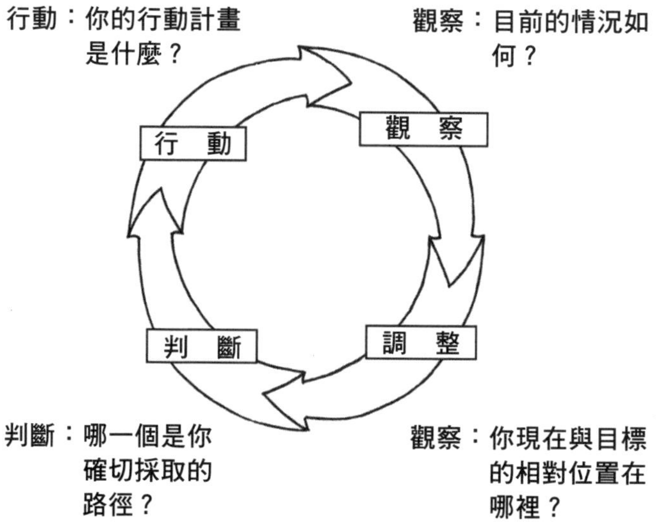
行動：你的行動計畫是什麼？
觀察：目前的情況如何？
行　動
觀　察
判　斷
調　整
判斷：哪一個是你確切採取的路徑？
觀察：你現在與目標的相對位置在哪裡？

圖 10　OODA 循環

在干擾、摧毀敵人C3的同時，你也要關注他們的後勤。就像你現在很清楚知道的，沒有燃料彈藥的敵軍，不過是一大批昂貴的標靶，你可以輕鬆地處理他們。燃料有著明顯的運輸網，通常是從煉油廠出發。如果這些煉油廠位在戰鬥空間中，且你認定它們會明顯削減敵方的戰鬥能力（而不是只切斷對平民的燃料補給），那你就應該毀掉煉油廠。

如果燃料在別的地方精煉並運輸進來，那就鎖定並摧毀他們的燃料運輸網。從後方開始——碼頭的石油接收站——然後不斷往前直到前線。在這個階段，對敵人主要的石油輸入線發動少量精準的巡弋飛彈攻擊，或是特種部隊襲擊，可以讓他們的部隊陷入癱瘓。

彈藥補給也許比較難鎖定，因為它通常會被分散且隱藏起來。如果你能找到它，那就攻擊下去，不然你可以摧毀敵人的工廠，這樣當他們現有的庫存用盡之後，就沒有新的儲備可以補充。在這個階段，你也許認為決定攻擊關鍵基礎設施會比較簡單，以阻止彈藥和其他補給到達需要它們的地方。

跨越廣闊河面的橋梁是最明顯的目標。它們是固定的精準目標，位置所在相當清楚（和可能分布於廣闊區域的碼頭或鐵路調車場正好相反）。使用精準導引彈藥能輕易讓它們受損，導致無法使用。如果沒有橋梁，那你應該對準鐵路調車場、主要道路交匯處、軍用倉庫、卡車調車場等等。簡而言之，鎖定任何可以阻止敵人得到他們戰鬥部隊所需物資的基礎設施——尤其是彈藥和燃料。

在戰鬥的第一個形塑階段，你試圖做的是削弱一些支撐敵人戰鬥力的「無形基礎」。攻擊指揮中樞與通信，將影響敵方對於情報的理解，與協調戰略或計畫的能力（如第一章），並影響他們的士氣（如第三章），攻擊補給與基礎設施，則會影響他們的後勤（如第二章）。

因此，形塑戰場其實是一種心理層面的形塑，目的是讓你的敵人落入被動，迫使他們處理你製造出來的問題，並限制他們攻擊你的能力。

形塑戰場也是為了產生動能——這可能是你最希望掌握的心理現象——並讓你的敵人對你做出反應，而不是反過來。當你感受具備動能，以及你的敵人感受缺乏動能，這種差異在你敵人做決策的能力被削弱或無法負荷時會更加強化，最終導致他們進入惡性循環與喪失戰鬥意志。

任何戰鬥的目標都是說服敵人停止作戰並接受失敗（這是因為比起殺掉所有敵人要簡單非常、非常多）。現實狀況是沒有指揮官、無法彼此溝通，即將耗盡糧食與彈藥的部隊，要不變成無法作戰、更為容易攻擊的目標，要不會因為低落的士氣而放棄戰鬥。在一九六七年的六日戰爭中，以色列在對抗包括埃及、約旦、敘利亞與其他阿拉伯國家多個對手時，就成功做到了這點。他們一開始的攻擊摧毀了大部分埃及空軍，以及攻擊其通訊系統。同時，他們還加上了對埃及在加薩走廊以及西奈半島陣地的地面攻擊。這種神速突擊完全打亂對方的布局，以至於約旦與敘利亞幾乎無法參戰，各方都在一星期內便請求停戰，讓以色列取得了重大的勝利。

除了破壞敵人戰鬥力量的心理基礎之外，在形塑作戰階段還有兩個目標是值得考慮攻擊的：第一，稱為導引：即限制敵人使用戰場特定區域的能力，從而迫使他們使用其他路徑（其他的「通道」）。這可以透過迫使他們使用某些渡河點、補給路徑、海上航道（舉例來說，在你想封鎖的航道上投擲傘降水雷）以及機場來達成。

第二，你的敵人可能會有關鍵戰力、特殊設備或專業部隊，讓他們能夠執行特定的軍事行動。舉例來說，他們也許會有專門的雷達，可以追蹤你砲彈的飛行軌跡，從而暴露出你的砲陣地。其他例子包括了可供渡過河流的機動架橋設備、掃雷車，或者衛星群。

在這個階段你要探尋的是敵人任何具備（a）稀有、（b）難以替換，例如非常昂貴；或（c）由需要長時間訓練的人員編組操作（這種狀況下，人員本身就是目標）的資源。從戰場上掃殺或使足夠多的這類資源失效，將會讓你的敵人蒙受永久性的戰力損失，因為他們不能在戰爭結束前恢復，或是需要付出昂貴成本才能補充。

所有戰場形塑的任務——摧毀或破壞敵方指揮系統、通訊、後勤、關鍵基礎設施與資源——以及確實打一場現代化作戰的任務，透過情報系統化理解敵情，然後制定目標優先順序，接著攻擊它們。軍隊將此流程稱為「目標標定」，以及那些具備高效目標標定流程，或稱為「擊殺鏈」的軍隊，通常都能夠贏得戰鬥。

目標標定流程與情報融合

釐清優先順序如何用自己寶貴的軍事資源攻擊敵方軍事機器的哪一個部分，這樣的做法由來已久。但是一種高效、資料取向、以近乎即時方式反應情報的持續性流程，則是因最近幾十年間，通訊、感測設備與資訊技術的進步才成為可能。在西方軍隊中，這一流程在二十一世紀的前二十年間，特別是透過特種部隊進一步精煉與發展，然後被更廣大的「正規」軍隊所採用。

這種目標標定流程有著廣泛的應用性，不只是適用於形塑戰場階段，也適用於戰鬥正式開始的階段（也就是所謂的決定性階段）。最終，敵軍目標太多而你的資源不足以攻擊所有這些目標，這樣的問題幾乎總是存在的。透過目標鎖定流程幫助你釐清哪個目標對敵人最為重要（因此也對你最為重要），然後部署適當的軍事資源去對付它們。

你執行這個流程的效率越高，就能越快摧毀敵方目標。這種方式——特別是針對指揮系統與通訊目標時——能夠在心理上使你的對手失去方向，因為你可以比他們更快一步做出決策。我們可以將之理解成打亂敵人的決策制定迴圈，瓦解敵人的凝聚力、從而破壞其軍事力量。

目標標定流程是由四個階段所構成（參見**圖11**）。首先是「發現」（理解）敵人目標的流程，這必須透過情報「融合」來達成，關於這點後續會詳述。這最終會給你一份目標清單，以及你應該攻擊的優先順序。你還可以決定某些目標要摧毀、哪些目標要使其喪失運作能力、哪些目標要俘獲等。

情報融合是指整合不同來源的情報。回顧第一章，有數種方法可以獲得情報：人員情報、通訊或信號情報、電子訊號、監測影像、你部隊的觀察，以及如紅外線與大氣渦流等高

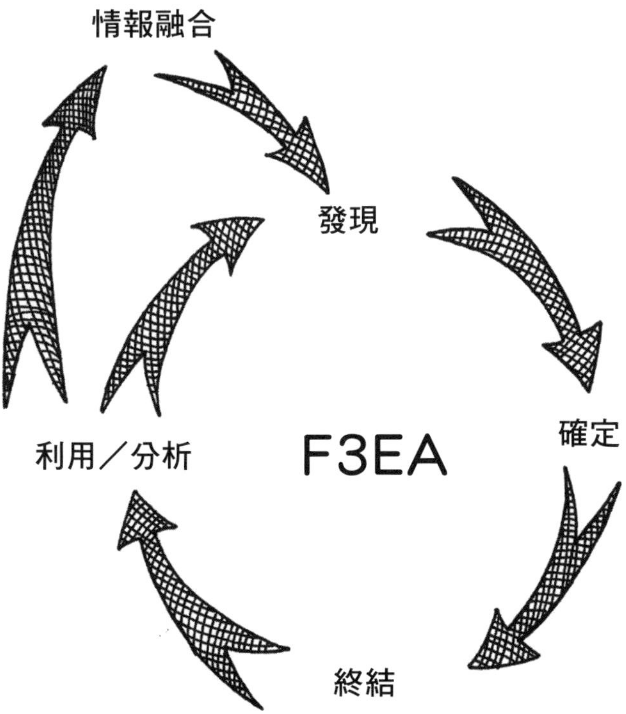

圖 11　目標鎖定流程

科技的專門感測器等。融合是一個整合所有不同情報來源，以描繪出你對戰場上某個特定目標理解的流程。

除了比較傳統的情報類型外，大部分軍事情報組織也會設置一個團隊，負責搜尋與分析社群媒體上的資訊——特別是 Telegram 頻道（一種允許大量群組共享資訊的通訊應用程式），以及推特（資訊整理者與分析師會整合上面的目擊者的資訊）。

在最近的戰爭中，某些軍隊的士兵會攜帶自己的手機，錄下自身經歷的影片，並將之大量發布到社群媒體上，這讓發現目標變得比以往更簡單。在某些狀況下，社群媒體所產生的大量數據，讓我們可以透過有地理位置資訊的影片或發文，來追蹤某個軍隊組織在戰鬥空間中的動向。

我們不該低估它對於理解戰鬥空間的重要性，以及它對通訊安全性較差的軍隊又有多要命。從二〇一一年起發生的敘利亞內戰，就是一場此等現象十分常見的戰爭。作戰各方都使用社群媒體來發文、推文、直播，從而往往在這樣的過程中，粗心洩漏了重要的目標資訊。

這種方式的戰場情報蒐集，以比第一章敘述的戰略情報蒐集還要進行得更快。在理想的狀況下，你可以在短短幾分鐘、頂多幾小時內，理解並確定目標的優先順序。戰略情報的蒐集——它通常不是和直接行動相關，而是用於背景理解——而其時間範圍往往是以數週乃至數月為單位。

你的敵人會知道你嘗試攻擊他們的指揮系統、通訊與後勤，並且隱藏或偽裝它們的總部、保護他們的通訊網，或者讓它們持續移動，好讓你難以鎖定目標。他們也會試著保護自己的後勤（或者不讓它們長時間停留），以及地形或基建方面的關鍵要地，如主要橋梁（敵人不會想被引導到某些特定路徑，而是尋求在戰鬥空間中保持機動自由）。要緩解這些防衛，你就必須把敵人目標「固定」在某個點上——這指的是讓他們停留在同一個位置，或至少使其處在監控下，好讓你能夠得知其位置或防衛狀態的任何變化（參見**圖12**）。

第三，你要「終結」這個目標——在軍事術語上的意思是摧毀目標（或是俘獲目標等）。要做到這點，你的目標標定團隊必須要向指揮鏈逐級請求攻擊資源，並明確指出你想摧毀的目標的優先順位。因為目標數量總是比裝備能夠毀滅的數量還要多，且或許你的部隊還有其他人需要快速噴射機轟炸支援，所以你必須要有一個中心機制，來分配攻擊資源給不同的目標。

最後，你必須要執行更進一步的情報工作，來了解在你摧毀目標之後，敵人或戰場的形

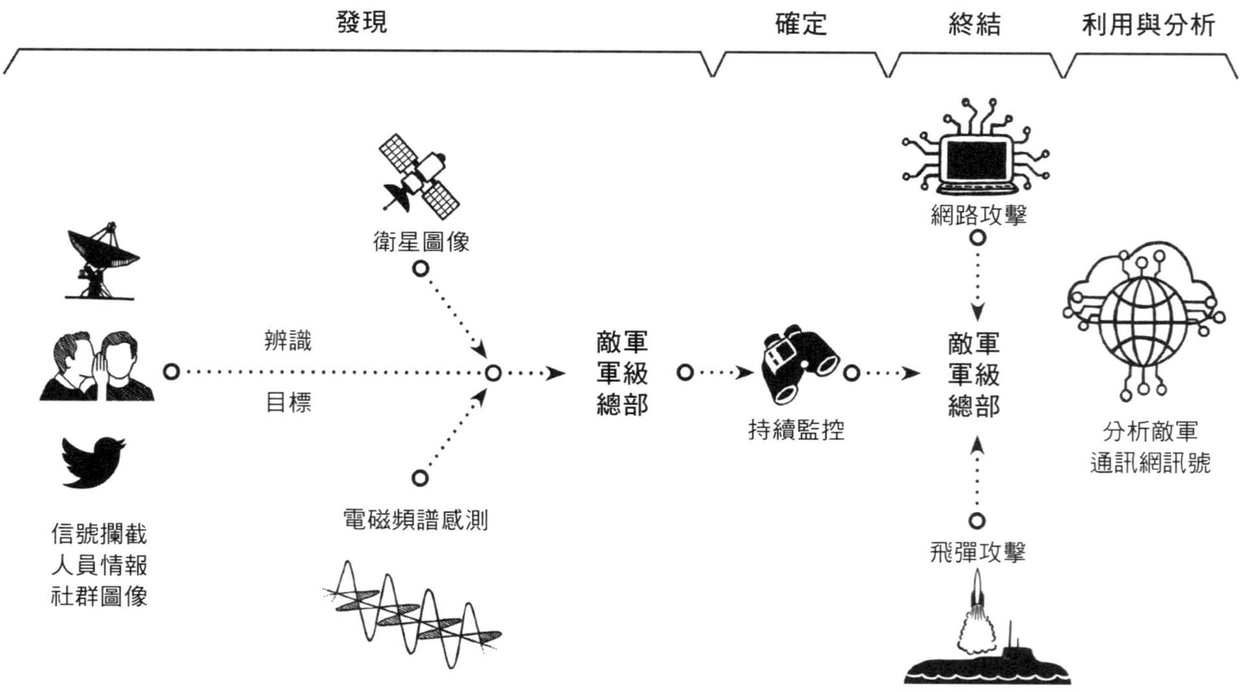

發現
確定
終結
利用與分析
衛星圖像
辨識
目標
電磁頻譜感測
信號攔截
人員情報
社群圖像
敵軍
軍級
總部
持續監控
網路攻擊
敵軍
軍級
總部
飛彈攻擊
分析敵軍
通訊網訊號

圖 12　鎖定敵方總部

勢是否已經產生改變。在軍隊中，這被稱為「利用與分析」。這整個過程被稱為發現、確定、終結、利用、分析（Find, Fix, Finish, Exploit, Analyze），或者以軍隊愛用的首字母縮寫詞，簡稱為F3EA。與許多讓軍隊高效運作的流程一樣，它是一套嚴密且有效執行的過程。

在現實世界裡的目標標定是什麼樣子？

接下來舉個例子：你有興趣標定某棟看起來像是敵軍指揮部的建築物為攻擊目標。那個指揮部原本是用信號情報發現的，情報顯示它是一個廣域無線電信號的中心。無線電信號的密集度讓你相信這是一個師級的指揮部，但你還不能確定。透過人員情報，你得知約翰・史密斯將軍上週曾經出現在這個區域——他是駐紮於此，還是只是視察造訪？你的公開資源團隊報告說，在推特上有照片顯示，戴維・瓊斯上校帶著一隊人在附近的城鎮進行巡邏——而你從其他情報資源得知，約翰將軍與戴維上校有著師徒關係。但一般來說，將軍不會親自指揮師級單位，所以這裡是怎麼一回事？

你下令衛星去拍攝一些照片，結果其中帳篷與車輛的布局，對一個師指揮部來說似乎太大了。但無論如何，這似乎是個重要地點。最後，你命令進行電磁波譜分析，並觀察其他排放物的熱度，以確認當地電力生產與消耗的狀況。這證實了此處確實是一個指揮部，但它是否為敵方的軍級指揮部——一個你最想優先摧毀的目標？只有透過這些不同類型情報的融合，你才能如此詳細了解這個目標，以及它在你的攻擊優先名單上的順位。

接下來，你必須要對目標進行持續監控。對一個比較小的目標，你也許可以派一台無人機在它上空徘徊監視，但這個級別的重要目標周圍可能會部署有防空設施。你決定派偵察衛星持續觀察目標，並指派你的信號情報部門，持續監控他們的電波通訊規模——這部分的任何改變都可能意味著這個總部正在轉移，或是某些其他事情即將發生（雖然因為加密的緣故，你無法得知電波傳遞的內容，但電波通訊規模以及回電的方位，仍是非常有用的資訊）。

接下來，你必須部署攻擊資源去摧毀這個指揮部。你可能有幾個可用的選項：從空中進行轟炸，發動特種部隊襲擊，或是從近海用潛艦發射飛彈攻擊。你判斷飛機因敵人防空系統而損失的風險太大，特種部隊襲擊也是太過於冒險，最後只剩下用潛射多發巡弋飛彈打擊這條路可走。為了達到最佳效果，你決定將攻擊時間設定在你對這個軍級指揮部目標控制區域的前線發動裝甲部隊突擊前的五分鐘。為了萬無一失，你還會同時對他們的雷達系統發動一次網路攻擊。

一旦發動飛彈攻擊，而你的裝甲攻擊也已展開，你仍必須持續在利用與分析階段持續監控目標。讓我們假設你已經成功摧毀該指揮部。作為優先事項，你應該要監聽整個敵軍前線的無線電信號——因為你剛剛摧毀了敵軍通訊網上的一個主要節點。

你會想要觀察幾個重點：敵軍在哪裡重組這個通訊網的新節點，以維持部隊的指揮與管制？是不是有某個師指揮部被升格成為軍指揮部？他們是不是還有備用的軍指揮部？敵人是否失去這個特定級別的作戰能力，並開始在這個區域中以分散的獨立小單位各自為戰？所有這些觀察都會幫助你在目標標定過程中列出下一批攻擊目標。

雖然這是個簡單的例子，但你可以看到這個過程是如何讓一支軍隊發現並理解整個戰鬥空間中的潛在目標。不可避免地，你的目標將總是比你能打擊的數量要多。這個過程能讓你為目標列出優先順序，並決定你將運用何種戰力在哪個目標上。隨著戰鬥展開，你可以協調對於高價值目標的攻擊，如總部與通訊部門。這套系統或是類似的系統，可以針對每個敵方目標——每輛戰車與狙擊手，分配目標編號（與優先順位），並分配你用於攻擊這些目標的戰力的優先順序。

你的敵人——如果他們足夠專業的話——他們也會用類似的方式鎖定你。所以你必須認真思考如何隱藏或保護這些關鍵作戰單位受到敵軍攻擊，或是騙你的對手判斷哪些目標是重要的。此外，你們雙方也會試圖攻擊彼此的目標標定過程與擊殺鏈。這會變成兩條擊殺鏈針對戰場目標也相互針對彼此的對決，被稱為「隱藏對發現」，能夠最快發現目標、同時隱藏自身最長時間的軍隊，將贏得這場戰鬥。

這種過程正日益加速自動化。每個階段都受益於自動化與演算法。人工智慧可以非常有效率地分析大量情報資訊，從而找出模式（情報分析的很大一部分就是模式識別）。使用電腦可以比人工更快地列出目標的優先順序與進行分配。除此之外——尚未實現，但在未來頗有可能——「終結」目標的決策也可以由人工智慧系統產生。我們會在結語部分探討自動化與人工智慧的未來發展。

推進的作戰藝術

一旦你已經形塑了戰場，接下來就要決定應對每一個敵軍部隊。你也許會選擇毀滅一些部隊，至於另一些部隊，則也許希望與其交戰讓他們忙於應付而無法撤離（也就是把他們「固定」在原地）。另外的一些部隊，你也許會選擇繞過他們，無論是為了圍困他們，還是迂迴到他們背後、毀滅其後勤，從而讓他們喪失戰鬥能力。

當你指揮這種作戰時，你必須讓你的敵人持續猜測你的優先目標，以及哪個部隊會遭到毀滅性打擊。你的準備——尤其是後勤——必須盡可能隱藏而不被發現。你的部隊動作——特別是對某些據點的增援，以便於進軍——也必須避開敵人（或者在別的地方進行看起來類似的增援，好讓敵人出其不意）。

接下來是作戰問題。你要在哪裡進行殲滅？你要把敵人的兵力固定在哪裡？你又要繞過哪些地方？你是要摧毀敵人後方的主要橋梁，好把他們甕中捉鱉，還是故意留給他們一條退路？還是你會破壞橋梁，使得重裝備與補給無法通過？在這個階段，你的空中武力和海軍很有可能運用來支援你的地面優先攻略，並攻擊有助你進行地面機動的目標。假如你有任何攻勢性網路作戰能力，現在也許是發動它們的好時機——是否有任何敵人的關鍵系統或網路可以加以癱瘓，即使只是短暫的時間？

最後，這種機動的目的之一是要創造出局部性的三比一兵力比，好讓你能攻擊成功。舉例來說，你和敵人擁有的兵力大致在伯仲之間，兩方都會致力於在某個局部區域創造出三比一的兵力優勢，以便成功發動攻勢，然後重新集結兵力，在另一個區域發動攻擊。

作為指揮官，你必須做出的最關鍵決策之一是何時投入你的部隊進行決定性戰鬥——何時要一舉投入你的戰車、步兵與砲兵向敵人求戰？在戰爭中，時機就是一切。你必須要做的判斷是，你的戰場形塑行動是否已經足以限制敵人的反應能力，或至少限制面對你攻擊的應對方式選項。

舉例來說，他們是否會因為你摧毀了橋梁，而受困於某個特定地形動彈不得？他們是否會因為你毀滅了指揮部通訊網，而無法協同作戰？他們是否無法運送足夠的燃料彈藥來進行防衛乃至逆襲？或者，你是否已經用欺敵方式讓他們相信你的攻擊將會在某個地方，但實際上卻落在另一個地方？

當中國間歇性封鎖台灣時，他們很顯然是在實行戰場形塑。一旦發生衝突，成功封鎖這座島嶼將會顯著限制美國（與其他國家）能夠支援台灣的選項。更廣泛來說，中國也在形塑整個南海地區，透過建造新島、珊瑚礁與環礁，使他們的部隊深入過去被認為是國際海域或屬於其他國家（如菲律賓）的海域。

一旦你下定決心要發動一場決定性的攻勢，那你的部隊就一定要徹底投入。這就是關鍵時刻，半吊子是絕對不行的。你必須要在你決定攻擊的地方，投入最大限度的暴力。你也必須——就像這本書的其他建議一樣——了解並銘記，你施加的暴力是為了產生某種心理影響。就像在戰場形塑階段一樣，你仍然可能想要優先攻擊指揮系統、通訊、後勤，和敵方稀有戰力，雖然你可能也會選擇打擊對方的戰車與步兵，以削弱敵人的戰鬥力量。

摧毀敵人戰鬥部隊，不只可以減少他們的應對能力，也可以讓他們感覺衰弱與缺乏防護（因此更有可能潰逃）。可是，你的目的不一定是殺掉每個敵方士兵，而是在敵人的心智面上贏得戰鬥。如果這意味著繞過大量擋在路上的敵方士兵、打擊在他們後方的重要後勤目標，這樣做或許會更好。如果這種大膽行動成功，你也許可以讓自己的士兵承受較小損失。

除了施加最大暴力，你還必須設法維持戰鬥的動能。動能並不等於單純的高速前進——如果你這樣做，那你的戰車、裝甲或機械化部隊幾乎會立刻超出後勤補給線。戰爭中的動能，指的是比你的敵人更快做出決策——假如你可以持續辦到這點，那你就會一直迫使對方應對你的行動，而不是你對他們的動作被動反應。這樣，你將贏得戰鬥，且很有可能贏得整場戰爭。

維持戰鬥動能的方式有很多種，就像步槍的型號一樣多。最明顯的方法是快速進軍穿越敵人控制的土地，如果你擁有足夠的部隊，也可以從多個攻擊軸線展開推進。後面這種機動方式能讓你選擇何時何地發動攻擊，給予你做決策的空間與時間，逼得你的敵人必須做出反應。反過來說，這也意味著敵人必須決定要把自己的稀有裝備投入哪個戰線——例如防空部隊。

另一個選項是在一個主軸上發動攻勢，迫使你的敵人投入某些部隊進行防禦，從而給你一個在其他地區發動攻擊的機會。你可以摧毀敵方指揮系統或干擾通訊系統，來延緩敵人的決策速度——務必銘記，保持戰鬥動能的唯一目標就是比對方更快做出決策。

一旦你已經想清楚如何保持戰鬥動量，你就必須思考如何讓你的部隊保持活力。現代戰爭全天候（24／7）的強度，使得人類無法長時間維持巔峰戰鬥效能。你必須為你的部隊建立休整時間，否則你的部隊將會迅速瓦解。最好是依照順序進行，當部隊完成一次進攻或是打了一場防衛戰後，你能夠把他們撤出前線，並用精力充沛的部隊進行替換。

因此，在進軍的時候，最好是採取「跳蛙式」的運動，也就是一個單位執行攻擊後，就在占領的敵人目標轉入防禦，接著第二個單位越過他們把守的陣地（稱為「超越接替」），持續進行攻擊。理想上來說，你要有三個單位進行輪替：一個負責進攻、一個負責壓制敵人（當突擊部隊運動到位的時候，牽制敵軍），另一個休息或擔任預備隊。（你會發現這個三分法則在戰鬥中經常出現：你在攻擊時需要三倍於守方的部隊；一個連有三個排、一個營有三個連，依此類推。進攻—壓制—預備是三個步驟，諸如此類。）

除此之外，保留部分部隊作為戰術或戰略預備隊至關重要。預備隊能應對任何意料之外的敵軍行動——敵人對你的成敗也擁有決定權。更重要的是，戰術或戰略預備隊能讓你利用任何已經獲得的成功。再次強調，時機就是一切。

一旦你已經決定好何時將你的部隊投入決戰階段，接下來最重要、也最困難的判斷，就是何時要投入你的預備隊。日本在一九四二年於緬甸的阿拉干戰役（Arakan Campaign）中就做得很好。他們等待，直到英國攻擊部隊耗盡精力才投入自己精力充沛的預備隊將英軍擊退。

你很有可能在無法充分了解自己所面對的狀況下做出決策。這時候，「戰爭迷霧」就會徹底籠罩住你。關於敵人在哪裡、他們的實力與意圖，你可能會因此產生大量的混亂。在任何時候，你有可能連自己單位的整體狀態都搞不清楚。在評估是否投入預備隊時，你必須評估即將突破你戰線的敵軍攻勢究竟是真實的、還是只是一場佯攻。

在你自己的攻擊與突擊方面，如果你打垮了敵人的前線，並讓你的機械化或裝甲縱隊攻到敵後，那麼在這個關鍵時點投入你的預備隊，是否能順利突破敵人在整個前線區域中的防禦？在這種不確定性中，你還必須做出一個非常難以逆轉的決定：一旦投入預備隊，要讓他們撤回並重新整編出一支預備隊是很困難的。

戰場機動

不管在與敵人交戰前，還是在你已經進行交戰並展開進攻之後，你都必須在戰場上有效地進行機動。在某些狀況下，這是相當簡單的：穿越一片開闊的田野進攻時，必須根據具體的地形、地貌，以及你對敵人威脅的理解來採用不同的隊形。舉例來說，當穿越開闊平原時，你也許會決定採用箭頭式隊形，讓你的部隊主體直接跟隨在箭頭後方，或著安排在兩翼，以便迅速向敵軍側翼投入部隊。

如果你被迫要沿著道路前進——可能是因為你需要確保它作為補給線，或它是穿越森林地帶的唯一路線——那麼無可避免地，你會需要採用疏開隊形。明顯地，在這個隊形下使你冒著被敵人伏擊的風險，所以你必須保護你的側翼。要麼讓你的車輛砲塔朝向側面，要麼在側翼或是主力部隊之前部署小部隊，以在敵人伏擊你之前就提前發現他們。

無論面對哪種地形或敵人威脅，占領高地始終具有優勢。高地讓你能俯瞰一切，讓我們比較簡單能發現敵人，並指揮你的火力對他們進行打擊。相對地，如果你占領了一個山頭，那敵人就很難射擊你的部隊並攻擊你的車隊。這個簡單的軍事常識，自我們的靈長類祖先為爭奪森林中地點最佳果樹的有利位置而戰開始，就從未改變過的。

除了必須演練與精心策劃的一般機動外，還有某些「特定戰術」的行動是極度困難。其中最難執行的，就是渡河與撤退。

在渡河——特別是彼此爭奪，或是敵人有高機率會干擾你渡河時——你在面對伏擊或攻擊時會很脆弱，且會發現自己很難做出反應。試想若要運輸一個裝甲步兵旅（三千人與三百輛戰車和支援車輛）渡河，我們必須完成哪些事（參見**圖13**）。選擇渡河點相當關鍵——理想情況下，河道不能太寬、水流不能太湍急（河流彎曲部很可能要排除）。如果你夠幸運的話，你可以找到一個在河岸邊有高地，讓你的部隊可以獲得掩護的渡河點。

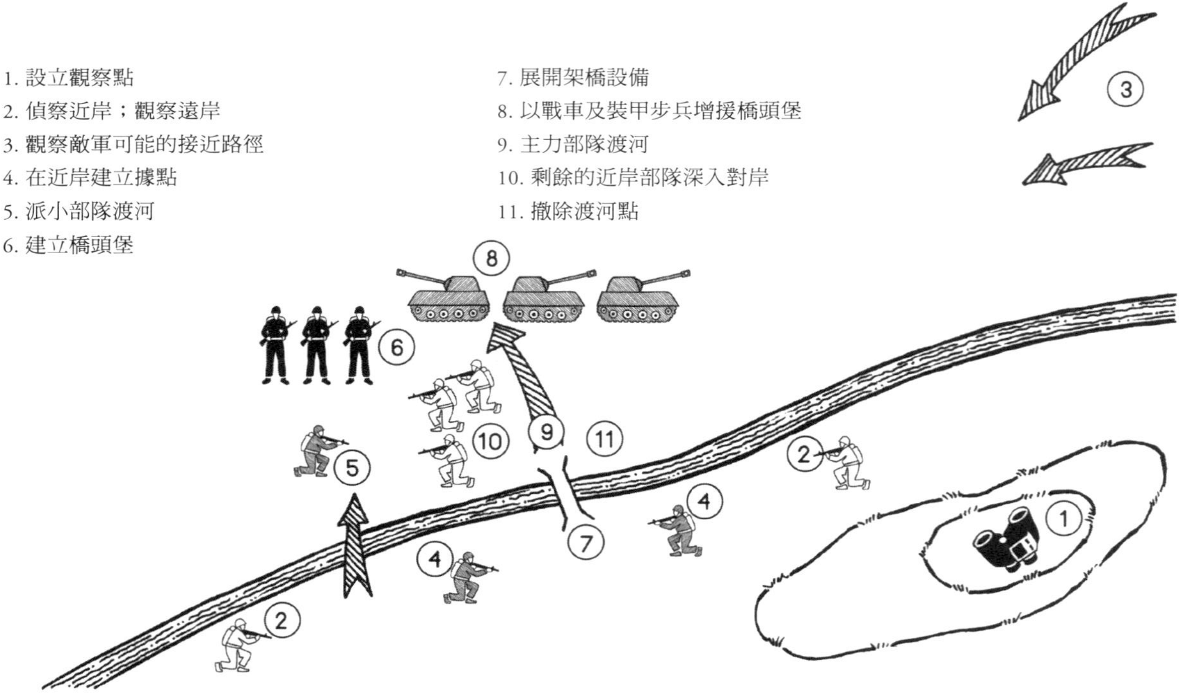
1. 設立觀察點
2. 偵察近岸；觀察遠岸
3. 觀察敵軍可能的接近路徑
4. 在近岸建立據點
5. 派小部隊渡河
6. 建立橋頭堡
7. 展開架橋設備
8. 以戰車及裝甲步兵增援橋頭堡
9. 主力部隊渡河
10. 剩餘的近岸部隊深入對岸
11. 撤除渡河點

圖 13　裝甲旅的渡河行動

首先，你需要偵察河岸附近的地形——最好是先派無人機過去，並用步兵親自去確認你拍下的照片。你也需要盡可能了解在對面河岸上敵人的可能部署狀況。如果你有偵察資源，你需要監視跨越對面河岸更深入的區域，可能的敵軍接近路徑，以發現任何正朝你渡河點前進的敵方部隊。接下來，你必須在靠你這邊河岸的陣地，或是高地（如果有的話）設置重型武器——你的戰車、迫擊砲、火砲，以便你可以觀察並對於彼岸進行火力射擊。

一旦你有信心認定已經處在可防衛的位置上，那你就必須派遣先鋒部隊渡河。如果你確定周圍沒有敵人，那你也許可以選擇跳過這一步，直接部署你的架橋裝備進行渡河。但如果你決定需要先在對面河岸立足，那就應該只設法派一支小部隊——大約五十到一百人，帶著他們的裝備游過河流。這是因為如果出問題而部隊遭到伏擊，那也只有相當一個連的部隊會掉進敵人的火力殺傷區中。一旦到達對岸，這些部隊就需要針對對岸進行更進一步的偵察，檢查是否有障礙物或陷阱，然後在渡河點前方建立起一個防衛陣地。

此時，你可以把你的架橋裝備往前推——如果是小型渡河行動，可以使用架在單輛車輛上的自動延展橋梁；若是較大規模的渡河行動則可能需要搭建浮橋。

當你的工兵開始搭建渡橋時，你應該要針對敵人的砲火和空中攻擊做好準備，並備好自己的砲兵，來反擊敵人的砲兵連（我將會在下面描述具體方法）。理想情況下，如果你手頭有資源，那你應該要部署自己的空中掩護——不管直升機還是飛機——以應對敵方在這個你最脆弱時候所採取的行動。

假設在沒有受到敵人干擾的情況下架起了橋梁，你就應該立刻派遣戰車和裝甲步兵的混編部隊過河。一旦他們到達了對岸，就該從渡河點往外推進，建立起適當的防衛陣地，以接替你先前登陸的先鋒步兵。現在，你可以使用渡河點來讓主力部隊渡過去，並讓你的部隊在對岸立穩腳步。

就如你所看到的，當面臨敵人威脅時，要安全調動部隊是件很複雜的任務，其技巧與作戰同等重要。可是，渡河並不是你會遇到的最複雜軍事行動。能夠以良好秩序撤退你的部隊，並避免部隊崩潰則遠遠要困難得多。歷史上最精妙執行撤退行動的案例，就數英軍在一九四二年上半年於緬甸面對日軍攻勢時的千哩撤退。英軍雖然損失了一萬人，但仍設法保全了軍隊的主力（大部分由印度部隊構成），且有效地拖延了日軍的進軍，使得印度方面可以整備防衛。這些防線成功地守住，且讓英國得以展開逆襲，最終重新奪回緬甸。

撤退並不必然指你輸掉了戰爭——你可能會選擇用撤退來欺騙你的敵人，或是增援到另一個進軍主軸。但是，撤退通常是要設法避免失敗或是防止你的部隊遭到殲滅的狀況下進行的，這讓撤退行動的完成極度艱苦。

在一場撤退中，你必須要面對好幾個問題：首先且最重要的問題是心理因素。無論你的部隊是為了被包圍和殲滅而撤退，或是執行一場預先策劃戰場運輸，士兵喜歡前進而非後退，所以你必須優先維持士氣與攻勢精神。

第二個問題是後勤問題。你必須保證你的前線部隊有足夠補給來執行戰鬥性撤退，但你又不能在前線存放太多燃料、彈藥與糧食，因為你即將要放棄占據的領土並把它拱手讓給敵人（你可以摧毀你的補給品，而不是將其運回後方，但這並非理想的狀況）。因此當你的部隊撤退時，你必須高度關注後勤管理。

第三個問題是撤退的協調安排。也許最容易執行的撤退方式是所謂的「後方超越接替防線」（rearwards passage of lines，參見**圖14**）。這種方式是用部隊設置為平行防線，最接近敵人的防線部隊脫離戰鬥後，穿越第二條面對敵人的防線部隊，並由他們接管戰鬥。但當撤退部隊穿越己方戰線時，你很難不誤擊到自己人。

這三個問題環環相扣，從而讓撤退不演變成潰退、部隊四散奔逃並遭到敵軍屠殺，成為

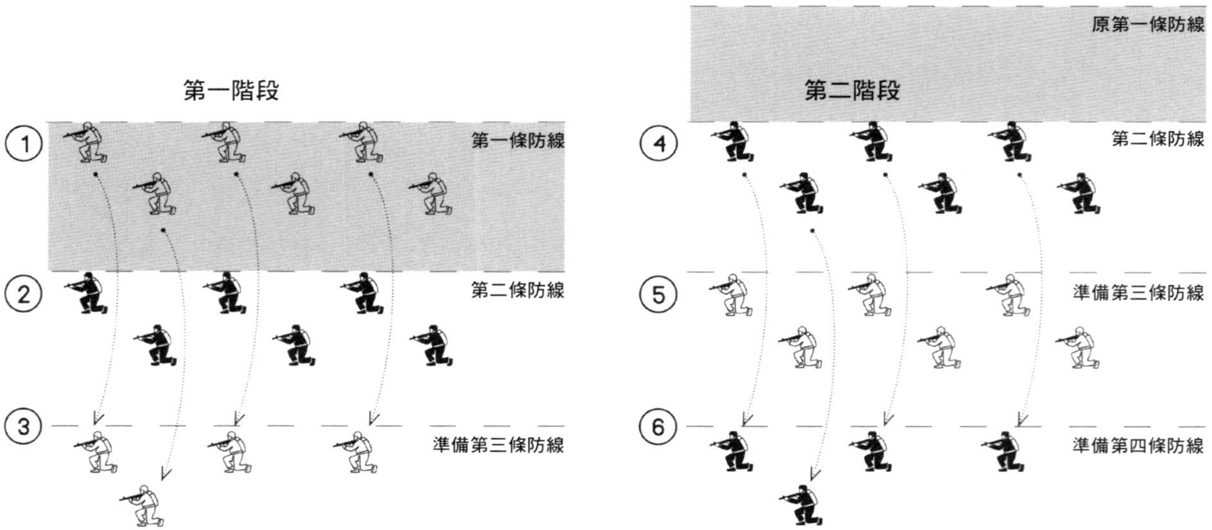

第一階段：第一防線 (1) 負責指揮，直到第二／三組部隊通過第二防線 (2) 到達預先準備好的第三防線 (3)，此時，再由**第二防線** (2) 負責指揮

第二階段：第二防線 (4) 負責指揮，直到第二／三組部隊通過第三防線 (5) 到達預先準備好的第四防線 (6)，此時，**第一防線**再次接管指揮

第三階段：第三防線負責指揮，直到第二／三組部隊通過，以此類推

圖 14　後方超越接替防線

一件相當困難的事。如果你是被迫撤退，那麼狀況可能會更加地嚴峻，因為你的士兵很有可能筋疲力盡、受傷，並在心理上疲憊不堪。此時，棄械投降和鳥獸散的誘惑會變得非常強烈，只有高度訓練並擁有最好士氣的部隊，可以在敵火下好好執行撤退行動而不至於崩潰。

陣地防禦

現在我們要來談談陣地防禦。防禦是作為指揮官的重要戰術手段。防禦可以讓你牽制住大量敵人部隊，並在你的防線後方進行重要的準備工作。防禦是一種阻止敵人，並將其困住的機制，同時為了從另一個方向展開攻擊做準備。防禦讓你能夠打場消耗性的防衛戰，非常、非常緩慢的後退讓出土地與陣地，同時對推進的敵軍給予最大損害。烏克蘭人在二〇二二年俄羅斯入侵他們國家時就採用了這種戰術來消耗並重創敵人，而交換代價只是敵軍少量贏得的領土。但最明顯的是，如果你是被攻擊的一方，防禦能夠讓你阻止領土、基礎設施與人民淪落敵方手中。

選擇防衛陣地至關重要，且很多方面自史前時代以來就未曾改變。如山頭、高原與山脊等高地，對防守都非常有利。或者，你可以選擇在你和敵人之間的水域設下防禦——例如河流、溪流與沼澤。能結合高地與水域屏障的防禦效果最佳。

如果你的防衛地域缺少地形或水域特徵，那你可能需要思考利用城鎮來進行防禦。城鎮不僅具有做為人口與行政中心的象徵價值，也通常是道路、鐵路交通的重要節點。可用於提供自身後勤，並阻止敵人使用這些設施。但城鎮最重要的，是它們透過建築和地下通道創造了一個立體戰場環境，給予防守方巨大的優勢。

如果你的敵人希望進攻一座你把守的都市，他們得考慮集結超過據守當地守軍達十倍的兵力。城鎮防衛是種牽制敵方大量兵力的絕佳方式。當然，你在權衡這種明顯的軍事優勢時，還是必須考慮城鎮很有可能充滿非戰鬥人員，而市民在城鎮戰中的死傷是眾所周知地高。二戰期間的史達林格勒之戰可能是史上最巨大的城鎮戰。蘇聯成功在城鎮內阻擋住德軍的攻勢，同時在城鎮外圍準備了另一支大部隊突破德軍防線，從而讓大量的德軍部隊被困在這座城鎮之中。這場戰役是第二次世界大戰的重大轉捩點。

一旦你選擇好防衛地點，你的工兵就該建造防禦工事——反戰車壕、土壘（加高的土製屏障）及戰壕系統——以強化具有防禦潛力的區域，或從頭開始構築防務。如果沒辦法辦到這點，那你的士兵就應該使用隨身攜帶的掘壕工具自行挖掘防禦工事。所有你所構築或利用的障礙物——從河流到挖出來的壕溝——都必須受到我方部隊或火砲的掩護，否則敵人將能夠輕鬆穿越它們。沒有火力掩護的障礙物完全稱不上是障礙！

建立防衛陣地和防線在進軍和撤退中都是關鍵行動。防禦讓你的士兵能夠休養、重新組織部隊、修復裝備，讓你的後勤單位能趕上戰鬥——這些行動用一句話來涵蓋，就是所謂「作戰暫停」。事實上，你也許會選擇暫停進攻，並防禦特別是你在防線後面設置的後勤或維修區，從而讓部隊為未來的作戰做好準備。或者，你可能希望固守某個地區，好讓你能轉移到另一個進軍主軸。

最後，在快速變化的戰場狀態下，當你的部隊剛剛完成一次突破敵軍防線的大攻勢，你可能會因為上述原因而選擇再次進行防禦。通常當這種狀況發生時，兩方陣營會發生零星戰鬥以搶奪最好的位置，即使他們希望這些陣地只是暫供臨時防禦所用。

要進行一次成功的防禦，你應該基於六個原則來制定計畫（參見**圖15**）。首先，所有的防禦應該是多層次的，也就是所謂的「縱深防禦」。這意味著，除了面對敵人的前線陣地以外，你還應該在後方設置兩道、三道乃至更多的防線。如此一來，即使你喪失了一道前線陣

你的每一個陣地都應該至少能涵蓋其他一到兩個（通常是兩到三個）陣地，以便它們能夠互相支援

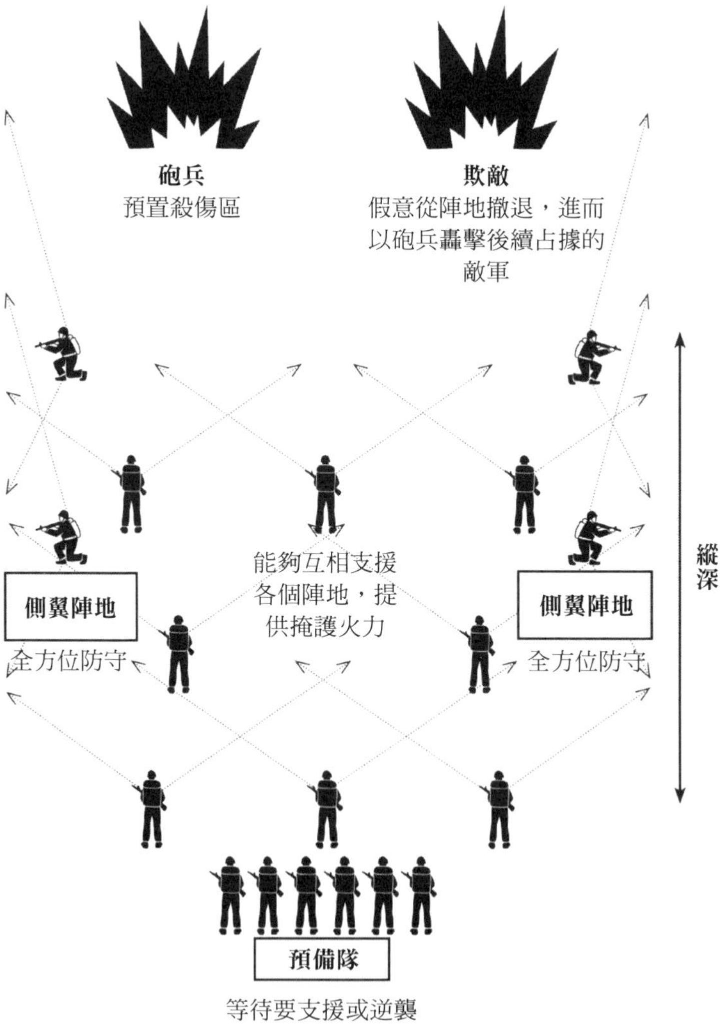

圖 15　防禦原則

地，敵人也沒辦法突破你的防線，進而開始毀滅你的後勤或指揮與管制部門。

類似的狀況，你需要知道你可以妥善守好每個方向，以便於一旦敵人試圖從側翼包抄，你的部隊都不會全部都面向錯誤的方向——這被稱為「全方位防禦」。在這個原則下，我建議增加廣泛的偵蒐戰力（如果你有的話），以便評估敵人可能來襲的方向。

第三，你的每個防衛陣地應該能夠互相支援，他們至少要能夠為另一個防衛陣地提供掩護火力（最好是能掩護多個陣地）。如此一來，你所有的陣地都能彼此支援，即使當陣地被敵軍占據時，還能對其進行反擊！

第四，你必須預留大約四分之一的部隊作為預備隊。敵人可能會得逞，使你必須對此狀況進行應對，同時他們在進攻中暴露出弱點，這就給了你發動逆襲的大好機會。理想來說，你需要配置一些航空裝備或火砲來遏制敵人的攻勢。預備隊也能用於欺敵。舉例來說，在你防線後方調動部隊，將會讓敵人不停猜測你的意圖為何。欺敵是防禦的第五個原則。

最後，部隊不喜歡防禦。防禦意味著待在陣地裡，承受敵軍選擇對你所施加的打擊。這對於部隊是一種心理上的負擔。因此，你應該盡可能在你的部隊中保持攻勢精神——預備隊在這方面可以透過小規模反擊或側翼攻擊來發揮很大的作用，不只是給予對手損害、擾亂其決策，並且維持你部隊的士氣。

如果無法做到這點，那你就必須確保你的部隊清楚理解他們為何要進行防禦——是為了把敵人牽制在此，好讓在別的地方展開反擊？還是為了要削弱敵人的攻勢，並讓他們遭到最大的損害？將部隊對一個地區的防禦和更高層次的目標進行連結，將會讓防禦變得更為有效，並保證你的士兵有更高的生存機率。

進行聯合兵種作戰

現在，我們來談談攻勢性聯合兵種作戰的實質內容。你要記得，軍隊的核心部分是步兵、戰車（裝甲）與砲兵所構成的三角。這些戰力的每一種都有其優缺點，但當它們結合起來，就會形成一支強大高效的戰鬥部隊。這已經被各國軍隊運用超過一百多年了。讓我們透過討論一場想像的戰鬥，來說明如何運用這個鐵三角，以及如工兵、偵蒐部隊、空中武力、網路作戰與資訊作戰等其他戰力，使你的敵人相信戰敗或投降會比讓自己戰死來得更好。

在你的軍隊主體——步兵（不管是搭乘裝甲戰鬥車輛的裝甲步兵、搭乘高速道路車輛的機械化步兵、還是徒步輕步兵）和戰車面前，你必須要有某種偵察屏衛（recce screen）。偵察屏衛的工作——他們可以搭乘快速的輕裝甲車輛、摩托車，或是徒步行動——往前探測並發現敵人所在位置，或是確認你已經掌握的敵人位置和戰力情報。

在此過程，他們將會獲得你所能部署的其他偵察或監視戰力之協助——理想狀況下會是在戰場上空持續徘徊以持續辨識敵人目標的無人機，或是可以找尋敵軍熱源訊號的衛星。

舉例來說，如果你的敵人採取「反斜面防禦」的話（參見**圖16**），那空中監視就特別重要。反斜面防禦是將部隊部署在面對敵軍威脅方向山坡的相反側。這可以保護部隊免受直接火力——例如戰車和步兵火力——的攻擊，也保護他們免於被敵軍觀察到，降低敵軍砲兵火力的準確度。而當敵軍越過山頂時，部隊也可以在近距離伏擊敵軍。就像使用情報一樣，你應該盡可能使用多種不同方法來發現敵人的戰鬥部隊：這些方法組合起來就會變得極端有力。

你的地面偵察屏衛，應該採用兩種主要的偵察方式：機動偵察與火力偵察。前者是我剛剛已經描述過的方式——在陸上推進直到可能或已知的敵人集結點，直到發現敵人，或是敵人對偵蒐部隊展開攻擊為止。可是，敵人也許非常有紀律，小部隊也有可能保持隱蔽，並在將你的部隊部署在一個凹地，使其被一個小山丘遮擋，從而隱藏在敵人的視線之外。在後方的高地上設置一個觀察哨，以便他們能夠觀察敵人的接近。當敵人越過你前方的小山丘時，消滅他們。

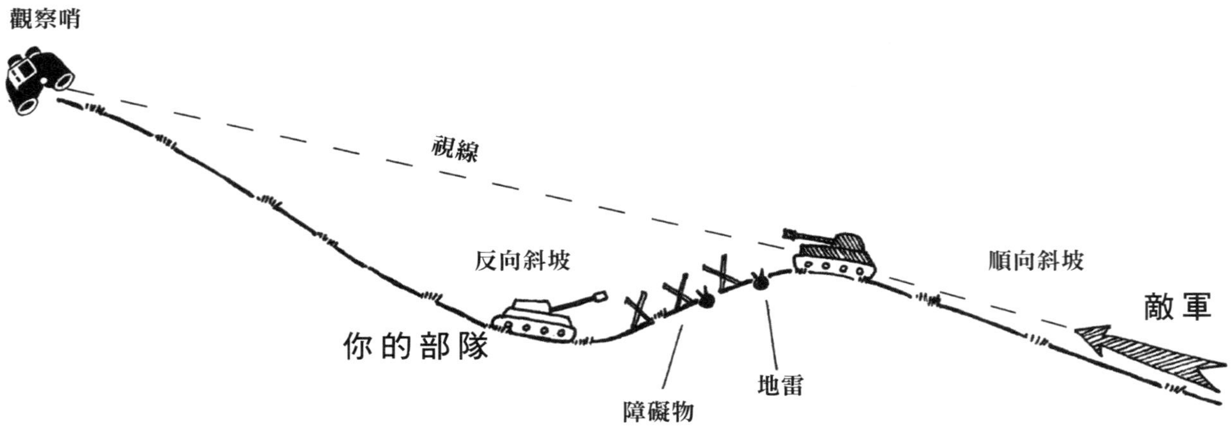

圖 16　反斜面防禦

你的偵察屏衛通過時不對他們開火——因為敵人知道他們的任務是與你的主力部隊交戰，而要達到這個目的，他們就必須迴避你的偵察屏衛。

避免此種狀況的方法之一是進行火力偵察，也就是對敵軍可能隱匿的區域開火——例如茂密的森林，或一座老舊廢棄的工廠，這些地方可能潛伏著敵軍一個連。如此一來，如果有敵軍藏在那裡，他們可能會認為自己遭到攻擊，進而開火回擊，從而讓我軍得以確認他們的位置。

不管利用哪種方法，你的偵搜部隊都必須致力於發現盡可能多的敵人，了解一切有關對方的訊息（戰力、武器系統、士氣與弱點），還有最關鍵的，使敵軍遠離你的主力部隊（以阻止他們對你進行偵察）。你的偵察屏衛應該試著把敵人擋在一定距離之外，直到你準備好發動攻擊為止。

你可以選擇為偵察部隊配屬工兵支援。你的工兵需要根據他們的角色去理解戰場——確保我軍部隊的機動性，但阻礙敵方部隊的機動性——並以此評估戰場上的關鍵地形與基礎建設。之後，當你的主力部隊通過時，你的工兵需要修建橋梁、道路與防禦陣地。

我們現在要著手處理的是，當你部隊的主要部分和敵軍主力短兵相接時，該注意什麼重點。你如何進行這場戰鬥將取決於敵軍的戰力。舉例來說，如果他們擁有大量步兵，但缺少火砲和裝甲部隊，那你可以選擇保持距離，用砲兵或空中武力從遠距離就消滅他們。但如果他們已經構築戰壕或碉堡的話，這種做法效果就有限。此時，你也許需要先用火砲壓制他們，然後才用戰車與步兵發動攻擊。

如果你和你的敵人都有大量火砲，那戰鬥結果就將取決於誰的火砲射程最長，並且可以更有效、更高效率地供應彈藥。明白地說，如果你的火砲射程比較長且彈藥充足，你就能讓敵軍遠離你。

而更為重要的是，如果你能夠逼使對方的補給站遠離其前線部隊，那對方運送到前線的補給就會減少。如果你能夠對敵人的主要補給路徑、道路交匯處或是補給站設置「火力控制」（這裡指的是火砲覆蓋），那敵人透過這條後勤鏈配送的補給量就會嚴重減少。

當你的敵人也具備有效砲兵時，它們還有另一個關鍵角色是反砲兵火力。你必須使用火砲來摧毀敵人的砲兵——如果你的火砲射程比敵軍更長時，這明顯會簡單得多。有兩種主要方式可以達成這點：你可以發動航空偵察，特別是無人機來發現敵人的砲兵陣地；又或者你可以的話，也能動用火砲和迫擊砲定位雷達。

這種精巧的裝備能夠探測到飛行中的彈道物，即時計算出它們的發射來源，將座標提供給友軍砲兵。在一個高度訓練團隊的配合下，你可以在一到兩分鐘內對著敵人砲兵陣地進行砲火打擊。這會迫使敵人的砲兵在射擊後，就需要立刻轉移到新陣地，從而降低他們的整體射擊效率。在阿富汗，幾乎每個大型聯軍基地都有這種雷達，大幅度減少準確打進來的火箭彈數量。

如果你的敵人擁有類似科技，那你就得被迫採取同樣的對策，從而導致所謂的「火砲對決」。如果你發現你自己陷入這種對決當中，最好選項就是透過搜尋敵方反砲兵雷達放出的電磁波譜，設法進行定位並將其摧毀。當然，你的敵人也會試著對你做同樣的事！

當火砲對決結束後，你也許會發現自己面臨敵我雙方戰車、步兵面對面衝突的局勢。這種情境可能有多種變化。首先，你必須要摒棄單純依賴戰車和敵人交戰的念頭。戰車對戰車的戰鬥極其罕見，主要是因為反戰車飛彈的射程（超過四公里）比大部分戰車的主砲射程（通常為三公里）還要來得遠。這意味著你可以部署一道攜帶反戰車武器的步兵屏衛，把敵人的裝甲部隊拒於他們的主砲射程之外。

即使敵人不能完全摧毀你的戰車，也可以輕易造成所謂的「行動殺傷」（M-kill），也就是損毀戰車的履帶機構，而有效地使其於某處無法移動。一旦戰車失去行動能力，它們就可以輕易地被摧毀。或者，也可以使用空炸砲彈的破片摧毀戰車暴露在車外的天線，以阻斷其所有通信。不論用哪種手段，這輛戰車的效用都將大幅下降，並且可以在任何選定的時間加以處理。

步兵還能幫忙清除地雷、偵察關鍵的咽喉點如橋梁以及進攻陣地（見下文）。你也許會遇到自己的戰車與敵方戰車正面交鋒的罕見情況，但這是極端危險的，因為對方通常會有步兵伴隨，這將讓你的戰車陷入重大險境當中。按照一般的準則，絕對不要冒險讓你的戰車處在沒有步兵密接支援的情境中。然而，當戰車和機械化步兵或裝甲步兵混編的時候，戰車就能對進軍或突擊提供非常有用的速度與打擊力。最好的選項是將戰車與步兵合在一起使用——步兵保護戰車，戰車則使用其主砲對敵人車輛與防禦工事造成更大破壞。如果你再加入火砲，就會形成堅不可破的鐵三角。

如果砲兵無法摧毀敵人的陣地——也許是因為他們有挖掘工事，或是你沒有足夠的砲兵彈藥，或者你的火砲口徑不適合——而你已經進行過戰車戰，或者根本無需進行戰車戰，那麼你就必須思考如何突擊敵人的陣地。此時，三分法則的基本原則就派上用場了——你需要部隊來進攻敵軍、壓制敵軍，並保持一支預備隊。這正是為什麼進攻方需要三倍於防守方兵力的基本原因，也是為什麼三分法則不只指引地面部隊的編制結構，也是你整體兵力規模的守則。

首先，你需要部分部隊來壓制敵人——對他們開火，讓其分身乏術並被迫低頭躲避，只能避免被殺死。這可以阻止敵人組織防禦及對你的部隊展開回擊。壓制任務可以由砲兵、迫擊砲或其他大口徑重武器執行，若將你的壓制部隊部署較高處（如果有的話），讓他們能夠居高臨下對敵方陣地進行火力打擊，這樣會進行得更為順利。

話雖如此，沒有哪個夠水準的敵人，會放任一個鄰近自身陣地的高地無人占領——最合理的選項是運用高地來建立防禦陣地，因為這樣可以掌控周邊地形。這會讓敵人無暇分身，從而給予你行動的自由，讓你能動員你的進攻部隊就位，準備發起進攻。

一旦你壓制了敵人，你就可以用手上的另一支部隊，對其陣地展開突擊。如果你有電子戰資源，這時正是干擾敵人通訊的大好時機。在最基本的配置中，你要把壓制部隊與突擊部隊呈直角布置，這樣當突擊部隊推進時，壓制部隊能夠將他們的火力一直剛好打擊在進軍路線的前面，從而讓敵人直到最後都必須低頭隱蔽（參見**圖17**）。具體使用哪種類型的部隊發

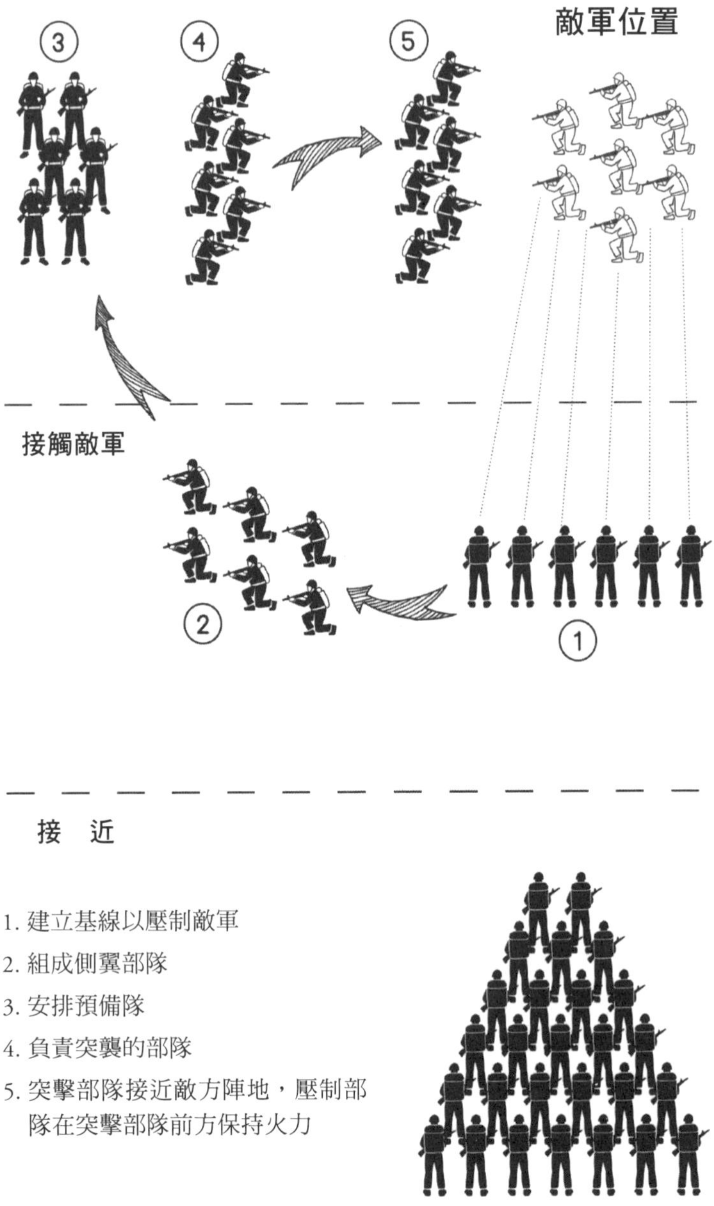
敵軍位置
③
④
⑤
接觸敵軍
②
①
接　近
1. 建立基線以壓制敵軍
2. 組成側翼部隊
3. 安排預備隊
4. 負責突襲的部隊
5. 突擊部隊接近敵方陣地，壓制部隊在突擊部隊前方保持火力

圖 17　如何進行基本突擊

起突擊，將取決於敵人的防禦配置（當然還有你可用的部隊資源）。

一個選項是配合徒步步兵，或搭乘裝甲運兵車的步兵支援的戰車。你選擇何者，將取決於敵人擁有的反戰車武器的等級，或者是否存在地雷區。假設敵人缺少這些戰力，那機械化步兵或裝甲步兵的突擊能讓你用最小的死傷攻占敵方的陣地。裝甲車輛的任務是將你的步兵送到目標處或其附近。

最有可能的狀況是，你將戰車留在陣地外圍，切斷可能的逃脫路線並提供掩護射擊，同時步兵搭載車輛——它們自身也有配備機槍與小口徑火砲，可以在推進過程與敵人交火——則可能直接駛入目標區，或是停在目標區外卸下步兵。你的步兵現在將需要在敵人陣地內展開戰鬥。

如果你車輛所受到的威脅程度極高，那你也許需要考慮完全由徒步步兵發起攻擊。當然徒步步兵面對戰場上大部分武器都很脆弱，所以這種攻擊可能要承受許多死傷。其他選項包括使用步兵來摧毀敵人的反戰車防禦，從而為裝甲部隊的攻擊清出一條路，但你也許除了使用徒步步兵之外，別無選擇。

進攻一座設防良好的敵軍據點沒有簡單的解決方案，無論採取哪種選項，攻擊都必須以盡可能大的侵略性與暴力進行。在殺進敵人陣地的關鍵時刻，你的目標是在心理上輾壓敵人，使他們在短暫時間內喪失決策能力，並被恐懼所支配。你需要這個時刻維持足夠長的時間，使他們的單位凝聚力土崩瓦解，最終潰逃、投降或是被殺。

這是戰爭的核心要點。你的部隊必須在限制空間作戰（CQB）中，殺掉目標房子中的敵人部隊。這無可避免地涉及使用刺刀、手榴彈、步槍與手槍的肉搏戰（在突擊據點之前，你的士兵都應該上好刺刀，以便於步槍卡彈或是耗盡彈藥時，還可以刺進敵人的胸膛）。需要讓攻擊心態達到最高點，且你的部隊必須做好殺敵的心理準備，否則他們就會面對被殺的風險。

這個現實的殘酷本質解釋了為什麼步兵是所有軍隊的核心，以及用肉搏戰突擊目標則是戰鬥的核心。無法迴避的現實是，如果敵人想要固守這個地形——特別是村落，或是在森林之中，又或者如丘陵之類隆起地表，並且他們已經有時間構築戰壕系統——那麼唯一能把他們趕出這個地區的方法，就是發動一場最終進行限制空間戰鬥的步兵攻擊。這種步兵突擊決定了誰會贏得戰爭。如果其中一方願意且能夠執行這類戰鬥，而另一方辦不到這點——假設他們的其他條件大致相當——那就只有一方能取勝。

俘虜與戰爭規則

在作戰過程中，你不可避免地會有機會俘虜敵方士兵。如何投降（舉高雙手、揮舞白旗，和對方溝通你的投降意圖），以及如何對待戰俘（給予他們食物與醫藥照顧、保護他們免受戰鬥影響、不施予恥辱性的對待），都受到國際公約的管控。這些公約被記載在各種條約與法律文件中，共同構成了所謂的戰爭規則（或稱戰爭法）。

是否選擇遵守這些公約當然是你的自由，但遵守它們有幾個好處。首先是實務面：俘虜戰俘並善待他們（且要讓外界看到你善待他們），意味著敵方士兵更有可能投降，而這通常比殺光他們要來得容易許多。相反地，虐待或折磨戰俘更可能會激勵敵人拚死戰鬥。這會讓更多你的士兵置身危險當中，並讓你擊敗敵人的任務變得益發困難。

在資訊戰的角度來看，如果你的軍隊被曝光（好比說）虐待戰俘，那你將喪失對戰爭更廣泛的支持。美國與英國在伊拉克戰爭中就嚴重地犯下了這點錯誤，他們允許紀律不佳的部隊虐待伊拉克戰俘，從而徹底破壞了他們發動戰爭的正當性——也就是從暴虐的政權手中解放伊拉克人民。

更好的做法是創造某種局面，讓敵人願意向你投降，而且你的部隊都能善待戰俘（同時確保我方士兵不會選擇投降）。國際社會自然會評判參戰的哪一方擁有較崇高的道德制高點——當士兵不相信自己戰鬥的正當性，或是認為自己的政府出賣了他們，把他們投進一場不義之戰時，那他們就有更高機率選擇投降。全世界，更別說該國人民，會將集體投降的那一方視為正在進行一場無意義戰爭的參與者。

最後但同樣重要的是，你應該考慮合法性問題。虐待戰俘在國際法下是非法的，作為犯下戰爭罪的戰鬥人員領導者，你可能會要在法庭上回應指控（而非只是所謂「形象」問題）。現實來說，這種狀況雖然不太可能發生——畢竟犯下戰爭罪的人遠多於受到懲罰的人——但如果你輸掉戰爭，那你被送上國際刑事法院的可能性將會大大增加。

除了戰俘問題以外，當你打一場仗或是使用軍力時，都應該在更廣泛的層面上考量正當、適當與合法的行為。你應該要考慮四個廣泛的原則：軍事上的必要性、區別原則、比例原則，以及人道原則。

軍事上的必要性指的是，你的軍力運用應該針對敵軍，並協助擊敗敵軍。這意思是，如果你為了報復敵軍攻擊而轟炸一座城市，那將會被認為是違反了這項原則。

和這點相關的是區別原則，也就是對軍事目標和平民目標的區分。在某些戰爭中，這個原則可能相對直接——如果人們穿著制服、手拿武器，那他們就是軍事目標。然而，這個問題有時也會變得非常困難——如果戰爭的某一方下令全民總動員，並命令所有人起來抵抗入侵者，那該如何界定？如果爆發叛亂，是否可以認為每個人，或至少所有年齡介於十五到五十歲的男性，都是目標？但不管有多困難，你都必須試著分辨軍事目標與平民目標。

比例原則認為，當你在追求軍事目標的時候，難免會對平民造成損害，但這種損害應該要和軍事目標的規模成比例。例如，攻擊一座大型敵人後勤基地，但在過程中摧毀一間民宅，比起為了殺掉一個敵方狙擊手而毀掉一座城市，前者是會被認為是比較合乎比例原則的。

除了這項原則外，在戰爭中還有某些類型的建築物必須受到保護，包括醫院、宗教和文化遺跡，以及核電廠。深具歷史意義的莫斯塔爾古橋（Bridge of Mostar），在一九九〇年代的巴爾幹戰爭中被克羅埃西亞軍隊所摧毀。克羅埃西亞指揮官宣稱它是一個用於運輸補給的戰略性軍事目標，但法庭最終裁定，他的部隊攻擊的是沒有任何軍事價值的文化遺產。千萬要注意！

最後是人道原則（有時候稱為不必要的痛苦）：在實現軍事目標的時候，秉持人道精神行事，盡可能減輕人類的痛苦。在某些狀況下——比方說第八章討論到的《化學武器公約》——，某些類型的武器已經遭到禁用，部分原因是因為它們會造成的人道痛苦。某些國家，例如美國，會對新武器進行審查，以判斷它們是否可能導致不必要的痛苦。而當你的士兵以非預期用途使用武器的時候，也應該考慮這點——比方說投擲白磷彈到某個敵方目標，而不是將它投到敵人面前以掩蔽自己的部隊。

在戰鬥白熱化的時候，要運用這些原則會相當困難，而之後在法庭上要證明這些原則是否遭到違反也同樣相當困難（目前，國際法尚未明確規定傭兵／私人軍事承包商是否適用戰爭法）。可是犯下戰爭罪，將會給你帶來實務上、資訊戰與法律上的問題。以攻擊市民為例：這很可能會激起狂熱的抵抗（畢竟他們已經沒有什麼好失去的了），世界輿論將會起而反對你，對你的戰爭支持度將會消失，而你的軍事指揮官在戰後也許得面臨法庭審判。許多在巴爾幹戰爭與非洲大陸的指揮官，最後都被送上法庭甚至入獄。但遺憾的是，如果你是來自某個強權或是戰勝國，那你被起訴的可能性就相對低上許多。

因為這些原因與道德考量，大部分國家都盡可能避免戰爭罪行，並簡化戰爭法，使其能被處於戰鬥高壓中的人員容易理解。不要故意攻擊平民。當執行計畫性攻擊時，要針對平民死傷進行評估。接受俘虜並善待他們。不要攻擊學校、醫院、淨水廠，或宗教場所。透過宣布停火，允許平民百姓能脫離戰鬥場域。致力於殺死你的敵人，而不是讓他們遭受不必要的痛苦。大部分士兵——除了那些非比尋常泯滅人性的傢伙以外，都知道戰爭罪是怎麼一回事，而所有平民百姓也都確實明瞭這點。

某些國家更進一步為其軍隊制定「交戰守則」。在極端情況下，士兵可能只能在自衛時使用致命武力，或者他們可能只有在目標攜帶武器時，才被允許攻擊。攻擊可能只在預期不會造成平民死傷的情況下才會獲准執行。因此，建議對軍隊發布交戰守則，並搭配違規的軍紀處分或懲罰措施。這將會幫助身為領導人或指揮官的你妥善控制因為部隊犯下戰爭罪行而導致在實務上、資訊戰與法律上的問題。這也是一種正確之舉。

結論　如何結束一場戰爭

到目前為止，你對如何打好一場戰爭已經有了充分的理解。你知道，在戰爭中，心理因素是最重要的，而無形因素——如戰略、後勤與士氣——是邁向成功的基礎。

但在任何戰爭期間，總會有一個時刻，討論的重點會轉向如何結束這場衝突。有時候這種討論會在戰爭初期就出現，很有可能是因為戰爭對於軍民造成巨大損害，認為任何結果都會比繼續作戰來得好。我會抵制這種充滿誘惑的危險呼聲，因為一場尚未結束，卻被強迫施予「和平」的戰爭，往往容易死灰復燃。記住，戰爭是解決那些我們無法用其他方法解決的地緣政治問題。

戰爭的結束，通常還有另外兩種主要情境：一種是所謂兩敗俱傷的僵局。在這種局勢中，雙方都心知自己不可能贏得戰爭，但也不會徹底失敗，且持續的戰鬥將讓兩方都元氣大傷，到了希望停戰的程度。達到這種局面，最難克服的障礙是說服政治家和將領——特別是那些發起戰爭或是深度參與戰爭者——去接受他們無法取勝的結果。人類的心理就是這樣一回事，所以百分之九十九的領導人寧願在僵局中持續戰鬥，也不願意承認自己當初是錯的。確保你自己是那百分之一的例外。

戰爭結束的最後一種情境是，其中一方在戰場上擊敗了另一方的軍隊。戰敗方是否被占領並不重要，重要的是他們會被占領，並受戰勝方發號施令。當一方對另一方擁有絕對的權力時——他們會如何使用這種權力？

戰爭的結束將會是情緒最為高漲的時刻。你終於戰勝那些曾經轟炸、射擊並殺害你的平民、摧毀你的城鎮與城市、試著把你從歷史中抹去的敵人。百分之九十九的人這時候會本能地想要報復、要求賠償，並讓戰俘做工以重建自己的國家。

再一次，我要告誡提醒，你應該要成為那百分之一的例外。以力量與寬容行事，可以讓你贏得持久的和平。實施復仇行動——不管有多「正當」——都只會在未來開啟另一個殺戮循環。人們有非常強烈的內外族群認同界線，而你——站在剛剛贏得戰爭的權力巔峰——必須努力軟化你的人民與敵方人民間的界線，這需要力量與寬容兩者兼備。

相比起成功打好戰爭，徹底結束戰爭更需要最卓越的政治家（不論男女）。他們必須具備最廣闊的戰略視野，不僅能看清當下世界的地緣政治，還能預見未來五十乃至一百年的發展。當我放眼全球局勢，我看不到有任何一人擁有足夠清晰思維以及偉大的願景。但是，我的天哪，我們是真的需要這樣的人。

尾聲　未來的戰爭

我們生活在一個史無前例科技進步的時代，而這一點在戰爭領域表現得尤其明顯。從極音速飛彈、奈米科技、使用衛星搭載雷射的太空戰爭，到生化改造士兵，幾乎每週都會出現足以徹底改變戰爭面貌的新科技。

特別是在西方，我們著迷於科技賦予我們在戰爭的優勢。這是因為科技確實自古以來都在發揮這種功用。從加重長矛，到鐵甲艦，再到氫彈與無人機群，西方世界和其前人，幾乎總是能將更高層次的科技引進戰場。在過去的五百年間，或者說更長的時間，這種技術優勢使得西方最終贏得了大多數戰爭的勝利。

其他國家也把科技看成關鍵。在最近幾年，其他國家——特別是俄羅斯與中國——試圖將其軍隊從人力密集式的消耗戰部隊轉成高科技機動戰部隊。從俄羅斯在二〇二二年入侵烏克蘭的表現來看，他們的這種努力顯然是失敗了。至於中國是否已經、或是即將完成這種轉變，目前看來則尚不明朗。

然而，本書的主要論點是，戰爭依循一系列你無法忽視的原則——就算是太空時代的科技也無法彌補戰略的缺失、低落的部隊士氣，或是運作無方的後勤。

戰爭仍持續與人有關連，並且是一種根植於人類心理的現象。當一方認為自己受夠了時，戰爭仍然會獲得勝利。戰爭仍然會由更優異的戰略決定勝負。戰略仍是由前進、撤退、欺敵，讓你的敵人產生恐懼的相同動能所構成。戰爭在本質上仍然是一種以人類情感所主導的活動，而非一種科技導向的活動。

我們在序章中提到的一個謬誤，指出科技會改變戰爭。這是領導人在發動戰爭時常犯的一個典型錯誤。他們相信某種特殊科技可以讓他們無視構成本書根本的種種戰爭基本原則。但就像我們一再苦口婆心強調的，科技不會改變戰爭的本質。或換個角度來說，你認為會嗎？

事實上，可能有一種正在引起關注的科學發展，將永遠改變戰爭。這項科技就是「AI

人工智慧」。

人類將不再進行決策，人工智慧將接管這個功能。人類大腦透過我們熟悉的方法來贏得戰爭——虛張聲勢、前進、包圍、欺敵——但人工智慧也許不再會以相同的方式行動。

這些方法是人類在特定的演化環境中，與其他人類的社會競爭所發展出的大腦產物。我們都分享著非常相似的情感反應（或多或少）。我們都會嫉妒、憤怒、驕傲與沮喪。這些情感，以及心理上與其他人的聯繫方式，構成了戰略的基礎。畢竟，如果詐術不能利用敵方指揮官的自尊心，那它還算什麼呢？

我們對於未來將負責戰爭運作的人工智慧系統所知甚少，除了以下這點：在這個競爭最激烈的人類領域中，人工智慧系統明顯將會占有一席之地，且它們看待事情或行動將與人類頭腦截然不同。人工智慧系統將以不同的方式進行思考，戰爭的核心心理將會消失殆盡。

人類頭腦透過與其他人類頭腦的競爭而進化，從而發展出支撐戰略的心理學，而戰略則又創造出戰爭的本質。但是這些人類頭腦的進化，是為了讓生存與繁衍最大化：尋找食物和水源、找到性伴侶、形成同盟，並避免被獅子殺死。

人工智慧的戰爭頭腦將不會有這些終極目標。人工智慧的唯一目標就是贏得戰爭（假設它的程式是依據這點來寫的話），所以它所採取的戰略將會是完全不同的形態。這就是為什麼如果人工智慧被應用在戰場，它可能會以一種超越人類想像的方式改變戰爭的本質。人工智慧很可能成為戰爭領域中，有史以來最重要的單一科技革新。

因此，在人類文明史上，戰爭的基礎本質也許會首次發生變化。它將呈現出完全不同的面貌，擁有我們甚至完全無法想到的動態運作機制。簡單地說，人工智慧系統將會創造出新的戰爭本質。

我的論點是建立在人工智慧能制定戰略決策這個前提之上，而現在（二〇二三年），我們可能還需要一段時間才能看到這一點的實現。但是自動化已經在較低層級的戰場應用中開始導入。先進的軍隊已經在設計與測試自主武器系統，例如滯空飛彈與無人機（舉例來說，美國每年投入二十億美金來研究自主系統）。為什麼他們要這樣做呢？因為自主系統在做決策的速度上遠比人類要快上許多，它們不會疲倦、不需要睡眠，也不會成為死傷數字。媒體已經將這些系統稱為「殺手機器人」，而與此有關的文章，幾乎千篇一律都配上一張《魔鬼終結者》系列電影裡的劇照。

如果我是將領或是國家領導人——換句話說，如果我是你——我會非常密切關注這類實驗的進展。在幾年內（甚至可能已經發生，只是我們不知道而已），自主系統將會開始彼此交戰。而這種交戰所產生的戰場動態，將會揭示未來戰爭的面貌。

如何打贏戰爭

平民的現代戰爭實戰指南

How To Fight A War

作者：麥克 ・ 馬丁（Mike Martin）
譯者：鄭天恩
責任編輯：朱育宏
校對：魏秋綢
主編：區肇威（查理）
封面設計：倪旻鋒
內頁排版：宸遠彩藝

出版：燎原出版／遠足文化事業股份有限公司
發行：遠足文化事業股份有限公司（讀書共和國出版集團）
地址：新北市新店區民權路 108-2 號 9 樓
電話：02-22181417
信箱：sparkspub@gmail.com

讀者服務

法律顧問：華洋法律事務所／蘇文生律師
印刷：博客斯彩藝有限公司

出版：2025 年 4 月／初版一刷
　　　電子書 2024 年 4 月／初版
定價：520 元

ISBN 978-626-99606-2-0（平裝）
　　　978-626-99606-1-3（EPUB）
　　　978-626-99606-0-6（PDF）

國家圖書館出版品預行編目 (CIP) 資料

如何打贏戰爭：平民的現代戰爭實戰指南 / 麥克 . 馬丁 (Mike Martin) 作 ; 鄭天恩譯 . -- 初版 . -- 新北市 : 遠足文化事業股份有限公司燎原出版 : 遠足文化事業股份有限公司發行 , 2025.04
320 面 ; 14.8 X 21 公分
譯自 : How to fight a war
ISBN 978-626-99606-2-0(平裝)

1. 戰爭　2. 戰爭理論　3. 軍事戰略

592.4　114003436